ネコの動物学

大石孝雄 著

東京大学出版会

The Zoology of Cats as Companion Animals
Takao OISHI
University of Tokyo Press, 2013
ISBN 978-4-13-062224-0

はじめに

　愛玩動物（ペット）の中で，イヌやネコを伴侶動物と呼ぶようになったのは，欧米では1980年代であり，日本でも15-20年くらい前より，その呼称が使われるようになった．伴侶動物とは，愛玩動物の中でヒトとの生活において社会的に特別な役割を果たしている動物と定義してよいと考える．この伴侶動物を対象とする伴侶動物学は新しい学問分野で，その中には伴侶動物の動物学的な側面はもちろん，ヒトとの共生における社会学的な側面，そしてヒトとの共生の歴史の中での文化史的な側面を包含している．ネコという動物をみたときも，このような側面に沿ったアプローチが必要である．従来ネコを扱う学問としては，獣医学，行動学，遺伝学などが中心であったが，今後はさらにネコを取り巻く多様な問題を包含したネコ学を展開していく必要がある．

　2006年，東京農業大学農学部にバイオセラピー学科が設立され，同時に伴侶動物学研究室が新設された．著者は「伴侶動物学」の授業を担当する中で，イヌやネコの動物的特性やこれまでのヒトとの共生の歴史を教え，現在ヒトとの共生の中で生じている社会的問題を提起してきた．本書は，その講義内容を基礎にして，多くの参考文献・図書を引用しながら，「ネコの動物学」としてまとめたものである．さらに，研究室の学生の卒業論文研究として，ネコの性格や行動についての調査，またネコが文化史的にどのようにとらえられてきたかなどの調査を行ってきており，それらの研究成果も引用してまとめた．

　本書では，ネコの家畜化と動物学的な特性から，家庭飼育での基礎知識，ヒトとの共生にかかわる課題，そして文化史的にみたネコに対する動物観などについて解説している．ネコは1種の動物であるとともに，ヒトの友としての長い歴史を有しているので，歴史的にみたネコの魅力についても触れてみたいと考えた．ネコの動物学は，ネコが野生の特性を残していることもあり，生態学的にあるいは行動学的に興味深いテーマとなる．また，ネコの病気と遺伝子解析の研究が進めば，ヒトの疾患モデルとして有用な情報を提供することが期待されている．

著者は現在，わが家で4匹のネコたちと暮らしており（小型犬も2匹いる），20年以上，複数ネコの飼育経験を有している．ネコは自己本位な性格で，自分の世界を持っている動物であるが，ネコ派といわれるこのネコの性格を好む人たちも多くいる．イエネコは現在好むと好まざるにかかわらず，家庭動物としてイヌと双璧の地位を得ており，ヒトの友である．しかし，ネコは元来肉食動物で恐るべきハンターであり，優れた身体能力を持っている．このような動物としての特性に加えて，ネコのミステリアスな性格などについて，ネコ派以外の人たちにも十分に理解してもらい，ネコに親しみを持っていただく機会になれば幸いである．

目次

はじめに ………………………………………………………………… i

1 | 野生ネコの仲間——家畜化への道 ………………………………… 1
1.1 ネコの仲間 ………………………………………………………… 1
(1)世界の大型ネコ 1　(2)南北アメリカの小型ネコ 3
(3)アフリカとユーラシアの小型ネコ 3
(4)もっとも近い仲間——ヤマネコ 6
1.2 ネコの進化 ………………………………………………………… 7
(1)ネコの祖先 7　(2)ネコ科動物の機能的進化 8
1.3 ネコの家畜化 ……………………………………………………… 9
(1)ヤマネコの家畜化 9　(2)ネコの移動 11
1.4 イエネコの品種 …………………………………………………… 13
(1)選択繁殖の歴史 13　(2)ネコ品種の分類 15
(3)品種造成の問題点 23

2 | 狩人としてのネコ——動物学的な特性 …………………………… 25
2.1 ネコの感覚器官と行動発達 ……………………………………… 25
(1)感覚器官 25　(2)行動の発達 28
(3)行動発達の過程と社会環境 29
2.2 ネコの狩猟能力 …………………………………………………… 30
(1)筋肉とその働き 31　(2)狩猟行動 32
(3)ネコの狩猟領域と獲物 32
2.3 ネコのコミュニケーション ……………………………………… 33
(1)嗅覚によるコミュニケーション 33
(2)聴覚によるコミュニケーション 35
(3)視覚によるコミュニケーション 36
(4)触覚によるコミュニケーション 37
(5)シグナル行動に影響する要因 38
2.4 ネコの遺伝 ………………………………………………………… 39
(1)外部形態の遺伝 39　(2)毛色の遺伝 40

(3) 三毛ネコの発生機構 42　(4) 性格と毛色との関係 44
　　　(5) ネコ集団の遺伝的類縁関係 47

3 │ 家庭動物としてのイエネコ —— 飼育の基礎 ……………………… 49

3.1　イエネコの繁殖 …………………………………………………… 49
　　　(1) ネコの生殖器官 49　(2) ネコの繁殖生理 51
　　　(3) ネコの求愛と交尾 51　(4) ネコの妊娠と分娩 53

3.2　イエネコの栄養 …………………………………………………… 53
　　　(1) ネコの消化器官 54　(2) ネコの食性と嗜好性 54
　　　(3) ネコの食餌の摂取量と養分要求量 56　(4) キャットフード 59

3.3　イエネコの生理 …………………………………………………… 61
　　　(1) 健康状態のチェック 61　(2) 神経系統 62
　　　(3) ホルモン系統と脳 63　(4) 免疫系 65

3.4　イエネコの病気 …………………………………………………… 67
　　　(1) 腎泌尿器疾患 67　(2) 内分泌疾患 68
　　　(3) 心疾患 69　(4) 感染症 70

4 │ イエネコの生態 —— ヒトとの共生 …………………………………… 74

4.1　イエネコの生態 …………………………………………………… 74
　　　(1) 生息密度と行動圏の広さ 74　(2) 群居性 76

4.2　イエネコの役割 …………………………………………………… 79
　　　(1) 癒し効果 79　(2) 害獣駆除 81　(3) 経済的効果 84

4.3　イエネコの福祉 …………………………………………………… 84
　　　(1) 動物の福祉問題 84　(2) 愛玩動物の福祉 85
　　　(3) ネコの殺処分数の削減 86　(4) ネコの飼育条件 87

4.4　イエネコの問題行動 ……………………………………………… 89
　　　(1) 問題行動の種類 89　(2) 問題行動発生の要因 91
　　　(3) 問題行動の治療と予防 93

4.5　ヒトとイエネコの共通感染症 …………………………………… 94
　　　(1) 人獣共通感染症の現状 94　(2) ネコの人獣共通感染症 96
　　　(3) 感染症の予防対策 97

5 │ ヒトとネコの関係 —— 歴史と文化史 ………………………………… 98

5.1　歴史の中のネコ …………………………………………………… 98
　　　(1) 古代エジプトのネコ崇拝 98
　　　(2) ヨーロッパ，アメリカへのネコの移動 99
　　　(3) 東方，日本へのネコの移動 100　(4) ネコの受難の時代 101

5.2 芸術の中のネコ ………………………………………………… 104
　(1)西洋美術に登場するネコ 104　(2)東洋美術に登場するネコ 106
　(3)近代美術に登場するネコ 108　(4)文学作品に登場するネコ 110
　(5)漫画，娯楽作品に登場するネコ 112
5.3 民俗誌の中のネコ ……………………………………………… 114
　(1)日本の民話に登場するネコ 114　(2)世界の民話に登場するネコ 117
　(3)神話，迷信，ことわざに登場するネコ 118

6 これからのネコ学──イエネコの将来 ……………………… 122
6.1 ネコの遺伝子を探る …………………………………………… 122
　(1)ネコのゲノム解析 122　(2)ネコの遺伝性疾患 123
　(3)クローン動物 127
6.2 野良ネコ問題を考える ………………………………………… 128
　(1)日本の野良ネコの現状 128　(2)地域猫活動 129
6.3 ネコの将来的な役割を探る …………………………………… 131
　(1)ネコは芸ができる 131　(2)ネコとの触れ合い 133

おわりに ……………………………………………………………… 135
さらに学びたい人へ ………………………………………………… 137
引用文献 ……………………………………………………………… 139
索引 …………………………………………………………………… 145

1 野生ネコの仲間
——家畜化への道

1.1 ネコの仲間

　ネコ科は肉食によく適応し進化した哺乳類で，野生種は，オーストラリア，ニュージーランド，ニューギニア，スラウェシ，フィリピンの大部分，日本本土，マダガスカル，西インド諸島，南極，北極圏，太平洋などの島々以外の世界中に分布し，現生種は35-41種に分けられる．世界に分布するネコ科の動物は，イエネコ，ヤマネコ，オセロットなどが属するネコ亜科，ライオン，トラ，ヒョウなどの属するヒョウ亜科，チーター（分類未定）に分かれる．表1-1に中小型のネコ科動物（ネコ亜科）を一覧表で示した．

(1) 世界の大型ネコ

　大型ネコと小型ネコは祖先が同じで，習性も似ているが，大型ネコは吠え声をあげることができても継続的にのどを鳴らせず，小型ネコはのどをゴロゴロ鳴らすことができても吠えることができないという違いがある．大型ネコの仲間はアフリカ，アジア，インド亜大陸，南米に広く生息している．野生のネコ科動物は，生きるために動物性のタンパク質や脂肪を摂取する必要があるため，もっぱら脊椎動物を食料としていた．大型ネコは種類によって独自の狩猟法を持っており，ライオンは例外的に仲間意識を持ち，協力しあって狩りを行う．チーターは地上最速のスピードを利用して獲物を捕らえ，トラ，ヒョウ，ジャガーは獲物に忍び寄って飛びかかるなどの特性を持っている．

　大型ネコはヒトとの歴史的な関係において，社会的・宗教的な意味合いを持つことが多くみられる．トラとジャガーは信仰の対象，ライオンとヒョウは多くの国で王家の象徴となっていた．チーターはエチオピアからアラビア半島，インドまでの広い地域で，アンテロープなどの草食獣の狩りのために，ヒトに飼われていた．一方，インドのトラは，民間伝承の中で「人食いトラ」などと

表 1-1 イエネコ以外の中小型のネコ科動物

ネコ科動物の呼称	学 名	分布地域
リビアヤマネコ	Felis silvestris lybica	アフリカ
ヨーロッパヤマネコ	F. silvestris europeus	ヨーロッパ中部
イギリスオオヤマネコ	F. silvestris grampia	スコットランド
スペインヤマネコ	F. silvestris iberia	イベリア半島
スナネコ	F. margarita	アフリカ北部−パキスタン西部
ジャングルキャット	F. chaus	エジプト，インドシナ，中国
クロアシネコ	F. nigripes	アフリカ南部
カラカル	F. caracal	アフリカ，アラビア半島，インド
サーバル	F. serval	アフリカのサバンナ
アフリカゴールデンキャット	F. aurata	アフリカの森林地帯
スペインオオヤマネコ	F. lynx pardina	北欧，シベリア，スペイン中部
サビイロネコ	F. prionailurus rubiginosus	インド南部，スリランカ
マライヤマネコ	F. prionailurus planiceps	南アジア，インドネシア，中国
アジアゴールデンキャット	F. temmincki	ネパール，中国南部，スマトラ
ハイイロネコ	F. bieti	中国西部，モンゴル南部
マヌルネコ	F. manul	イラン，中国西部
ボルネオヤマネコ	F. pardofelis badia	ボルネオ島
スナドリネコ	F. prionailurus viverrinus	南アジア，中国，ミャンマー
ベンガルヤマネコ	F. prionailurus bengalensis	中国北部−インドネシア諸島
マーブルキャット	F. pardofelis marmorata	ヒマラヤ山脈東部−ボルネオ島
イリオモテヤマネコ	F. prionailurus iriomotensis	日本沖縄県西表島
ツシマヤマネコ	F. bengalensis euptilura	日本長崎県対馬
ボブキャット	F. lynx rufus	カナダ東南部−メキシコ
オセロット	F. pardalis	アリゾナ−アルゼンチン
カナダオオヤマネコ	F. lynx canadensis	カナダ
ピューマ	F. concolor	カナダ南部−南米パタゴニア
マーゲイ	F. wiedi	メキシコ−アルゼンチン
ジャガランディ	F. yagouarundi	アリゾナ−アルゼンチン
チリヤマネコ	F. guigna	チリ中部・南部
パンパスキャット	F. colocolo	エクアドル−パタゴニア
アンデスネコ	F. jacobita	アンデスの高地
ジェフロイネコ	F. geoffroyi	ボリビア−パタゴニア

して恐れられ，19 世紀に殺りく対象となり，現在生息数が激減している．

　大型ネコは世界中でその生息数を減少させており，アジアのトラなどでは絶滅が危惧されている．その大きな理由として，毛皮や動物製品としての需要による乱獲や，広い分布域と居住環境を持っているにもかかわらず，森林伐採やヒトの進出により自然の居住環境が失われつつあることがあげられる．国際的な保護の取り組みが緊急課題となっている．

(2) 南北アメリカの小型ネコ

　南北アメリカは地形や気象が多様であり，そのため多くの小型ネコの種が進化してきた．ネコ亜科の中でもっとも大きいピューマは，南北アメリカ全域，中型のオオヤマネコやボブキャットは北米に，また南米では多くの小型ネコが進化した．南米の小型ネコの多くは大きさと外見において，イエネコに似ているが，野性的で用心深くヒトに慣れない性質である．ネコ科動物の世界的な分布域をみると，ほかの大陸と切り離されたオーストラリア大陸やマダガスカル島などには生息していないが，南米大陸は北米大陸と地続きになったときに北米から移動してきて進化したと考えられている．アメリカ大陸の中小型のネコ科動物はその生態や習性，さらに遺伝子研究などが進んでいないが，オセロット，マーゲイ，チリヤマネコ，ジェフロイネコは同じ祖先から進化し，ボブキャットとオオヤマネコは個別の種と考えられている．

　南北アメリカの小型ネコは，民間伝承などヒトとの関係の歴史にあまり登場しない．しかし，ジャガランディだけはスペイン人が南米に入る前に先住民によって飼いならされていた．そのほか，大中型ネコのジャガーとピューマは，新大陸発見前の文明の神話の中で大きな役割を果たし，崇拝対象にもなっていた．ボブキャットは飼いならされたことはないが，いたずら好きで北米先住民の民話に登場する．南北アメリカの小型ネコにとっての最大の脅威は，人間の行う毛皮目的の狩りやめずらしいペットとしての捕獲，および同じく人間によってもたらされる生息環境の破壊である．近年保護政策が講じられてきたが，とくに模様のあるネコの何種かは絶滅の危機にある．農地開拓などで生息地を奪われた種は，新しい環境に適応できないと絶滅するしかないといえる．

(3) アフリカとユーラシアの小型ネコ

　アフリカとユーラシアに生息する中小型のネコは，イエネコに比較的近い仲間と考えられ，体のサイズ，外見，行動など共通点が多く，遺伝子的にも非常に似ていることがわかっている．しかし，人間に飼いならされる可能性はほとんどない．アフリカにはスナネコ，カラカル，アフリカゴールデンキャット，サーバル，クロアシネコが生息している．また，インドから東南アジアにかけては，マヌルネコ，マーブルキャット，サビイロネコ，ハイイロネコ，マライ

図 1-1　ベンガルヤマネコ（写真提供：（公財）東京動物園協会）．

ヤマネコ，スナドリネコ，ボルネオヤマネコ，ベンガルヤマネコ（図 1-1），そのほかの地域ではジャングルキャット，スペインオオヤマネコ，そして日本のイリオモテヤマネコ（図 1-2），ツシマヤマネコ（図 1-3）などが現生している．これら小型ネコの仲間は，水辺や乾燥地など広く多様な生息地に分布し，それぞれ捕食できる食物を食べ，毛皮の模様を利用して発見されにくい環境に生息している．なお，図 1-2 のイリオモテヤマネコは，このヤマネコを新種と断定した今泉吉典氏が捕獲した後，国立科学博物館で飼育されていた生体の写真で，歴史的に貴重なものである．

　アフリカとユーラシアの小型ネコは，単独で生活すること，臭いつけしたテリトリーを守ることなどの行動がイエネコと共通しており，また種の異なった交配でも組み合せによっては生殖能力のある子ネコが生まれることもある．イエネコとの交配で新しい品種の作出も実現している．またこれらの小型ネコも，絶滅の危機に瀕しているものも多く，カラカル，サーバル，アフリカゴールデンキャット，マヌルネコは保護区域で繁殖に必要な生息数が維持されているが，

図1-2　イリオモテヤマネコ．この写真のヤマネコは今泉吉典氏が連れ帰り，国立科学博物館で飼育されていた生体である（写真提供：（公財）東京動物園協会）．

図1-3　ツシマヤマネコ（写真提供：（公財）東京動物園協会）．

イリオモテヤマネコ，アジアゴールデンキャット，ボルネオヤマネコ，マライヤマネコは絶滅のおそれがある．保護するうえでの大きな問題点は，これらのネコが人間に対して非常に用心深くなかなか姿をみせないことである．

(4) もっとも近い仲間――ヤマネコ

アフリカ，ヨーロッパ，アジアには，ネコ亜科に属するヤマネコの仲間が広く分布している．どの種も非常に似た外見をしており，地域特有の種なのか，または亜種なのか，正確な分類がむずかしいものも多い．ヤマネコの種類によって気性も異なり，リビアヤマネコはヒトの近くに住み，ヒトの食べ残したものをあさったりするが，イギリスのオオヤマネコはめったに人目に触れないで生活している．ヤマネコの生息環境は冬の厳しいスコットランドから，熱帯のアフリカの低木地帯まで広く分布し，あらゆる環境に適応して繁殖している．その多様な環境の中で，さまざまなタイプに進化し，多くの似た外見の種が誕生している．

近年の遺伝子研究によりヤマネコがイエネコにもっとも近い種であることがわかった．とくにアフリカのヤマネコ(リビアヤマネコ)がイエネコとほぼ同一種であることが判明している．一方，ヨーロッパやアジアのヤマネコとは遺伝子的にはかなり異なっている (Randi and Ragni, 1991)．しかし，これら3地域のヤマネコの間では生殖能力のある子どもが生まれる．イエネコ系統に属する6種のネコの分子遺伝学的な分析により，イエネコ，ヨーロッパヤマネコ，リビアヤマネコ，スナネコのグループが最近になって分化したグループであることがわかった．このうちスナネコが遺伝的にもっとも遠く，ほかの3種は遺伝的にも形態的にも類似しているので，その分化の時期は新しいと考えられる．ジャングルキャットとクロアシネコはこれより古い時代に分岐したと思われる．これらの結果は形態的な比較によっても裏づけられている (Johnson and O'Brien, 1997)．

1.2 ネコの進化

(1) ネコの祖先

　現生のネコ類(ネコ亜科)は元来森林生の祖先を起源としている．今から5000万年ほど前の暁新世中期に現れ，3500万年前の漸新世初期まで栄えたミアキス科(図1-4)から約4000万年前の始新世後期に分岐し，漸新世，中新世を経て，500万年前の鮮新世前期まで栄えたニムラブス類がネコ亜科の直接の祖先である．しかし，このニムラブス類からは，トラやライオンのような大型種は出現しなかった．

　大型の獲物を殺すことのできないニムラブス類の欠点を埋めたのが，つぎに現れたマカイロドゥス類である．このグループは2600万年前の中新世前期に出現し，第四紀のおよそ1万年前に滅んだグループで，有名な剣歯虎(サーベルタイガー)類のスミロドン(図1-5)などが含まれる．第三紀末から第四紀初

図1-4　ミアキス科．

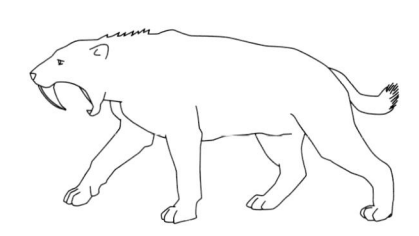

図1-5　スミドロン．

表 1-2 ネコ科動物の祖先の変遷（フォーグル，2005 より改変）．

年代（時代）	祖先動物	派生した動物
5500万-6000万年前 （暁新世）	肉歯類	
3800万-5500万年前 （始新世）	ミアキス科	
2000万年前 （中新世）	シューダエルルス属	→ ホプロフォネオス属 　→ ニムラブス属，ディニクティス属
1200万年前 （鮮新世）	フェリス・ルネンシス	→ マカイロドゥス属 　→ スミロドン 　→ アキノニクス属
800万-1200万年前 （更新世）	現在のネコ （旧世界種と新世界種）	→ ネコ属とヒョウ属

頭にかけては，マカイロドゥス類の中から現生のライオンに劣らぬほどの大型種も出現した．

マカイロドゥス類に少し遅れて現生のネコ亜科が，1500万年前ごろの中新世中期にニムラブス類より分岐した．第四紀に入ると，ネコ亜科の中からも大型種がつぎつぎと出現し，マカイロドゥス類の剣歯虎にとって代わり始めた．ネコ類は動作の俊敏性と，知能がマカイロドゥス類に比べてずっとよく発達したことがネコ亜科動物の現在の繁栄に大きく影響したと思われる．ネコ科動物の時代的な変遷については表 1-2 に示した．

(2) ネコ科動物の機能的進化

ミアキス科の出現する以前の5500万-6000万年前に地上を支配した肉歯類は，体高 30 cm とやや小型で，脚の太さの割にはがっしりした首と長い胴を持っていた．肉歯類にとって代わったミアキス科は，肉歯類に比べて脚は長く，頭部も細長く，2倍ほどの大きさを持っていた．その後，ネコ亜科の直接の祖先となったニムラブス類は，多くは後足にも5指（ネコ亜科では4指）を持ち，顎が長く，歯数が通常 36 本と多く（ネコ亜科は 28-30 本），顔は現在のジャコウネコ類によく似ていた．そして獲物の殺し方は，頭の骨を咬み砕く原始的なものと考えられている．このタイプでは大型の草食獣を捕食するのは不可能であった．

この欠点を埋めたのがつぎに登場したスミロドンなどのマカイロドゥス類のグループで，上顎の剣歯が大きく発達して短剣状となり，牙の長さは17–20 cmあった．スミロドンはこれを用いて大型草食獣を突き刺して出血させるか，気管を咬んで窒息させて殺した．

マカイロドゥス類より少し遅れて出現した現在のネコ亜科は，獲物の動物の脊髄を切断して殺す狩りの方法を持っていた．この方法では初めのうちはスミロドンの短剣状の剣歯の能率におよばなかったので，あまり繁栄しなかった．その後，ネコ亜科の中からも大型種がつぎつぎと出現し，大型草食獣が進化して逃げ足が速くなったことに対応できる狩りができることから，スミロドンにとって代わった．動作が軽快なうえに，進化して大脳もよく発達していたことも大きく影響した．

1.3 ネコの家畜化

(1) ヤマネコの家畜化

紀元前5000–6000年ごろといわれるイスラエルのイェリコの遺跡で，原始新石器時代の地層と新石器時代の地層からネコの骨片と歯牙が発見されている．これはリビアヤマネコのものと考えられている（Clutton-Brock, 1969, 1999）．ほぼ同年代の地中海のキプロス島のヒトの居住遺跡から，ネコの顎骨が発掘されているが，歯牙の大きさからリビアヤマネコに属するネコであると考えられている．地中海周辺ではヤマネコを捕らえて飼いならす習慣があったと思われる（Davis, 1987; Groves, 1989）．もっとも古いと思われるイエネコの遺骨は，紀元前約4000年前後のエジプト中部のモスタゲッダのヒトの墓から，1頭のガゼルの骨と一緒にみつかっている（Malek, 1993）．一方，インドのインダス川流域のハラッパーの遺跡で，紀元前4000年以上前のネコの骨が発見されているが，西アジアから移動してきたものとも考えられる．紀元前2000–1600年ごろのエジプト第5–18王朝期で確実なイエネコの飼育の証拠が発見されている．

考古学的証拠はいずれも，北アフリカあるいは西アジアがイエネコの発生地であることを示唆している．とくにイエネコの故郷としては図1-6に示したエジプトナイル川の流域が想定されている．リビアヤマネコは，温順でヒトにな

図1-6　イエネコの故郷（エジプトナイル川流域）．

つきやすい性質を持ち，ヒトの集落付近に住みつき，ネズミなどの齧歯類や残飯などを採食していたと考えられる．このことが，ネコとヒトにとっておたがいの利益になり，家畜化に結びついたと思われる．とくに農耕の進展の中で，収穫した農作物をネズミから守ってくれるネコはヒトにとって重要な存在となっていった．またネコはヘビを退治する益畜，あるいはペットとしても飼育されたりした．

　一方，ヨーロッパに生息しているヨーロッパヤマネコは，子ネコの時期から育ててもきわめて獰猛で臆病なところがあり，その極端な臆病さのゆえにイエネコの祖先とは考えにくい．しかし，イエネコが世界へ伝播する過程で，現在のイエネコにヨーロッパではヨーロッパヤマネコ，アジアではジャングルキャットからの遺伝子流入があったとも考えられている．ネコの発祥の地がアフリカあるいは西アジアであるという1つの理由として，語源的なものもあげられる．英語のcatをはじめとして欧米のいくつかの言語でネコを表す単語は，アフリカのヌビア語のkadizから派生したと考えられる．家畜化されたイエネコは，分類学上表1-3のように示される．

表 1-3 イエネコの動物分類学的位置

界：動物界（Animalia）	門：脊索動物門（Chordata）	亜門：脊椎動物亜門（Vertebrata）
上綱：顎口上綱（Gnathostomata）	綱：哺乳綱（Mammalia）	亜綱：獣亜綱（Theria）
下綱：真獣下綱（Eutheria）	上目：ローラシア獣上目（Laurasiatheria）	
目：ネコ目（食肉目）（Carnivora）	亜目：ネコ亜目（Feliformia）	科：ネコ科（Felidae）
属：ネコ属（*Felis*）	種：ヤマネコ種（*F. silvestris*）	亜種：イエネコ亜種（*F. s. catus*，または *F. s. domesticus*）

（2）ネコの移動

　古代エジプトでネコが完全な家畜化状態となったのは，ネコのお守りや絵画がつくられた紀元前 2300–2000 年で，紀元前 1450 年以降，墓の絵画によく登場するようになり，ネコの姿が一般的になった．エジプトでネコの家畜化が進んだ理由としては，エジプト人の持つ動物全般に対する並はずれた親密さが考えられる．また，ネコを含めさまざまな動物が宗教儀式の崇拝対象となり，ネコは齧歯類を捕る能力も買われたと思われる．紀元前 3000 年の終わりごろまでは，古代エジプト人にとってリビアヤマネコは宗教的に重要なものではなかったが，紀元前 2000–1500 年ごろから象牙でできた小刀（魔法の短剣）にネコが描かれ始めた．その後，紀元前 1000 年の初めごろにイエネコは有名なバステート神という女神と結びつくようになった．バステート神は性的活力，多産，安産，養育の象徴とされ，やがてイエネコはこの神の化身とみなされた．エジプト人はこの重要なネコがほかの国に広まることを一般に禁止しており，ネコの輸出を違法としていた．しかし，けっきょくはほかの地域に広まっていった．古い時代のほかの地域におけるネコの存在した証拠は，インダス盆地のハラッパ遺跡（紀元前 2100–2500 年），パレスチナの象牙のネコの彫像（紀元前 1700 年），後期ミノス–クレタ文明の壁画（紀元前約 1500–1100 年），ギリシャの大理石片のネコの像（紀元前約 500 年）などにみられる．

　ネコは紀元前 500 年ごろに，フェニキア人の商人に連れられて，インドにたどり着いた．さらに極東に向けて移動し，中国と東南アジアへの到来時期は定かではないが，紀元前 200 年より後のことと想定されている．日本には 8 世紀の奈良時代に中国から経典をネズミから守る目的で伝来したとされている．日本に現存している 2 種のヤマネコは日本ネコの祖先ではないと考えられる．一

方，ヨーロッパ地域に向けては，キリスト教が誕生し，ローマ帝国が拡大するにつれて，紀元100年ごろにはロシア南部とヨーロッパ北部に到達したと思われる．ネコがラトビアに入るまでにはさらに400年もかかったが，そのころになるとヨーロッパ中でネコの取引が自由に行われていた．10世紀ごろまでには，一般的ではないにしても，ヨーロッパとアジアのほとんどの地域にネコが広まっていったと考えられる (Zeuner, 1963)．ネコが新しい地域に適応できたのは，船の生活にネコが順応した結果だと指摘されている (Todd, 1977)．バイキングの船でブルターニュ地方や北イギリス，スカンジナビア地方に運ばれたと思われる．10世紀にはイギリスからセーヌ川とローヌ川の渓谷に沿ってフランスに広がったと考えられる．これらのことは小アジア起源の毛色の突然変異種の追跡からも裏づけられている．

　新大陸にネコが入ったのは，1500年代にイエズス会のフランス人修道士がネコとともにケベックに入り，1620年にはメイフラワー号で清教徒たちが少なくとも1匹のネコを連れてアメリカに到着している．しかし，新世界でネコが繁殖するのは1700年代にペンシルバニアにネコが持ち込まれた以降のことである．各地においてイエネコは，お守り，彫像，陶器，墓碑などに彫られたり，描かれたりしている．全世界にネコの到達したおおよその年代を図1-7に示した．

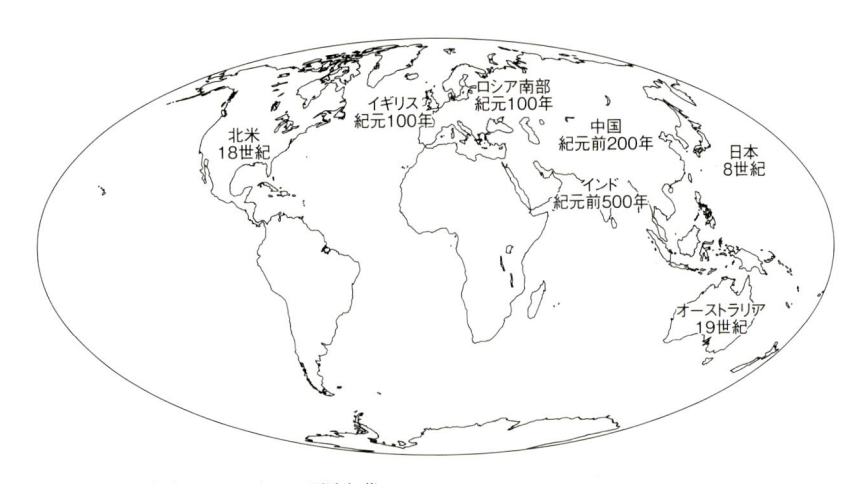

図1-7　世界各地へのイエネコの到達年代．

1.4 イエネコの品種

　紀元前 2000 年ごろエジプトでリビアヤマネコから家畜化された現在のイエネコは，その後紀元前 500 年ごろより徐々にヒトとともに世界に移動し，18 世紀には確実に新大陸にも足場を固めた．そして，世界の広い地域の一般家庭でネコが飼われるようになって，約 1000 年ほどが経過している．このようにヒトとともに，繁栄を図ってきたネコは今日，祖先のヤマネコとは比較できないほどに，多様な毛色や外観を持つに至っている．これは世界各地において自然発生的に生じた変異，あるいはヒトが意図的に計画交配などで作出した個体群たちである．

(1) 選択繁殖の歴史

　現在存在する多くのネコ品種のうち，古くに出現したグループは自由交配によって孤立した地域に自然に現れたと思われる品種である．これらのネコの多くは被毛の色や模様に特徴があり，遺伝的には祖先の型を正しく伝える劣性形質が多い．突然変異で生じた形質も多くみられる．特徴的な外貌形質を示す多くの品種がブリーダーによって繁殖維持されてきている．また，初期のネコ品種のもっとも重要な特徴の 1 つは，元来の短毛から変異した長毛形質であった．

　時代が進むと品種改良がさかんになり，しかも科学的に行われるようになった．この選択繁殖がさかんになったのは 19 世紀以降のことである．それ以前には，1598 年にイングランドのウインチェスターで開催された世界初のキャットショーがあり，性格や外貌のほかネズミ捕りの能力も競わさせた．また，タイでは同時代に『キャット・ブック・ポエムズ』が発行され，さまざまな毛色や体型のネコが記録されている．本格的なキャットショーは 1871 年になってロンドンで開催され，出陳されたすべてのネコ種についてスタンダードが定められた．北米では 1895 年にニューヨークで最初の本格的なキャットショーが開催された．そして，やがてヨーロッパ大陸でもキャットショーが開催され，大成功を収めたことにより，近代的な選択繁殖に大きなはずみがつき，純血種のネコがもてはやされるようになった．日本でも 1956 年に最初のキャットショーが東京で開催された．図 1-8 に 2012 年に東京で開催されたキャットショーの会場風景を示した．

図1-8 キャットショーの会場風景(2012年,東京).

　純血種のネコの血統登録やキャットショーの開催などを行う団体も設立された．1887年にイギリスで「ナショナル・キャット・クラブ」が，アメリカでは1896年に「アメリカン・キャット・クラブ」がそれぞれ設立され，登録団体として血統を証明するようになった．1つのネコ品種を厳密に定義するのはむずかしく，品種改良のルールなどについても団体間で論争が行われた．現在世界最大の純血種の血統登録団体は，1906年にイギリスで創設されたCFA (The Cat Fanciers' Association) で，アメリカ，カナダ，南米，ヨーロッパ，日本に支部が開設されており，純粋な血統を重んじている．一方，もっとも自由で実験主義的なのが，1979年に創設され，アメリカを拠点としているTICA (The International Cat Association) である．そのほか，イギリスで1910年に設立されたGCCF (The Governing Council of the Cat Fancy) も世界的な規模で活動を行っている．ヨーロッパ各国でも複数の登録団体が存在しており，1949年創立のFIFe (Federation Internationale Feline) は規模も大きく，新品種や障害の発生しやすい変異種の登録には慎重な態度を示している．

近代の選択繁殖によって，イギリスのオリエンタル・ショートヘア，トンキニーズ，オシキャット，アンゴラ，エイジアンなどはゼロから作出されている．ネコの品種改良はイヌなどに比べてその歴史は浅く，成長段階にあるといえ，20世紀に入って多くの新種が出現している．古くからの短毛種を長毛種に改良したソマリやバリニーズ，ウェーブのかかった被毛の品種（レックス），劣性ホモで危険となる遺伝子を克服した品種（マンクス，フォールド）などさまざまな工夫によって多様な品種を生み出している．自然な体型からかけ離れた極端な品種改良は，無毛のスフィンクスや矮小のマンチカンにみられる．突然変異などによって生じためずらしい個体をヒトの欲求によって繁殖維持してきたことによる．

　このように初期のネコの繁殖は自然にまかせていたが，遺伝パターンの新知識を用いて，長毛種と短毛種の両方に多種多様な毛色や模様を持つ品種をつくりだした．現在，実験好きのブリーダーの多くが新しい特徴を持ったネコ品種を生み出そうとする一方で，純粋な血統を重んじるブリーダーは現在のネコ種の独自性を残したいと考え，品種標準を重要視している．

（2）ネコ品種の分類

　ネコ品種造成の歴史は浅いが，現在公認されている品種は100以上と考えられている．それらのネコの純血種の分類において，品種の違いを決めるのは毛色や模様ではない．1つの品種の中に多くの毛色や模様のパターンの系統が存在しているので，ネコ品種の区別は毛の長さやボディーと顔の形などを特徴として行われている．また，そのほかの外部形態である尾，耳などの特徴も品種の重要な特性となるが，体のサイズは3-7 kgとほとんど差がないので，品種の特徴とはならない．まずネコ品種は毛の長さ（長毛種，短毛種）で分けられ（表1-4），続いてその中の顔の形（丸い顔，中間的な顔，V字形の顔）で分類される．一般には毛の長さと特徴が分類上大きな意味を持ち，顔の形やほかの外部形態の特徴が品種特性として記述される．さらに1つの品種の中で毛色や模様の違いがいくつかの系統を形づくっている．毛のタイプは個々の品種によって異なっており，毛色とは関係なく，それぞれダウンヘア，オーンヘア，ガードヘアの組み合せによって決まる．被毛の長さは品種や季節で異なるが，毛量の豊かさは最高の保温機能を持つダウンヘアの量で決まる．

表1-4 ネコの品種の分類(天野ほか,2002より改変).

	特徴と主要品種
長毛種	
ペルシャタイプ	全身の被毛が長く豊か
	ペルシャ,ヒマラヤ,ラグドール,バーマン
セミロングタイプ	全身の毛がセミロング
	キムリック,ハイランド・フォールド
ソマリタイプ	背中がセミロングで下方がロング,尾も長い毛
	ソマリ,ノルウェージャン・フォレスト,メイン・クーン
ターキッシュ・アンゴラ	細くしなやかな体のラインに沿って垂れ下がる被毛
	ターキッシュ・アンゴラ
短毛種	
シャムタイプ	被毛が皮膚にぴったりつく
	シャム,バーミーズ,トンキニーズ,ボンベイ,コラット シンガプーラ,オシキャット,オリエンタル・ショートヘア
アメリカン・ショートヘアタイプ	被毛に弾力があり保護毛の下にアンダーコートがある
	アメリカン・ショートヘア,ブリティッシュ・ショートヘア,ジャパニーズ・ボブテイル,スコティッシュ・フォールド,マンクス,ロシアン・ブルー,シャルトリュー
アビシニアンタイプ	被毛はシャムより少し長め
	アビシニアン,エジプトシャンマウ
エキゾチック・ショートヘア	豊かなアンダーコートと密生した被毛を持つ
	エキゾチック・ショートヘア
コーニッシュ・レックスタイプ	被毛に保護毛がなくアンダーコートだけでソフト
	コーニッシュ・レックス,デボン・レックス

　品種内のバラエティーを形づくるのは,毛色と被毛のパターン(模様)である.基本的な毛色を分類すると,セルフあるいはソリッドカラー(単色),ダイリュート・カラー(希釈色),ティップド(毛先につく色),シェーテッド(ガードヘアの下まで色がつく),スモーク(ティップドの中でもっとも色が濃いもの),ティックド(1本の毛色が帯状に染められている)となる.このうち,セルフカラーのホワイト,レッド(オレンジ),チョコレート,ブラックおよびレッド,チョコレート,ブラックのダイリュート・カラーであるクリーム,ライラック,ブルーなどが基本的な色である.被毛のパターンは基本的には原種のヤマネコの野生色であるタビー模様をある程度受け継いでいる.主要なパターンとしては,パーティー・カラー(白の色のついた部分のあること),トーティーシェル(ブラックとレッドが等しく混ざりあっていること),ポインテッド(体の末端部分に濃色がみられること),タビー(野生ネコにみられる模様のパター

ン) があげられる．

多くの品種にはみられないほかの外部形態的特徴としては，毛のない，尾がないか極端に短い，あるいは先が曲がっている，耳がカールしている，極端に小さい，などの特徴を持つ品種が存在している．これらの特殊な品種を含め特徴的な品種について，以下に簡単に説明し，7品種の写真（子ネコ）を図 1-9 から図 1-15 に示した．また，目の形と色にも品種による特徴がみられ，イエロー系の眼，グリーン系の眼，ブルーの眼などが存在している．

ペルジャン・ロングヘア（ペルシャ）

代表的な長毛種で，原産地はイギリス．ビクトリア時代から人気の的で，1880 年代にイギリスでアンゴラとの交配により多数の系統が作出された．優雅でしとやか，性質は従順である．色の種類を増やし続けて品種の作出が進められ，外見は初期と比べてかなり変化した．顔はより平らで，丸みを帯び，耳は小さめになり，被毛はより豊かになった（図 1-9）．

ラグドール

温厚な性質を改良目標にして，アメリカでホワイト・ロングヘアとバーマンの交配によって 1960 年代に作出された．毛色変異の数系統がある．主要系統のシール・ポイントは大型のネコで，成ネコサイズに達するのに 3 年ほどかかる．性質は従順で静か，飼い主になでられるとリラックスし，柔らかいぬいぐるみ人形のようになり，子どもに対しても寛容でペットとして理想的である（図 1-10）．

マンクス

尾のないのが特徴のネコで，1600 年代にイングランド西岸沖のマン島原産のネコから生じた．毛色は白，黒に部分的に白，赤にタビー模様など．さまざまな程度に尾のあるネコが交配され，短い尾を有することもある．力強い骨格を持ち，性質は利口である．

ジャパニーズ・ボブテイル

原産地は日本で，ボブテイル（尾の長さ約 10 cm）を持つのが特徴である．品

図 1-9　ペルシャ（株式会社コジマ提供）.

図 1-10　ラグドール（株式会社コジマ提供）.

種の歴史は1000年代と古く，中国からきたネコに由来する．毛色はレッド，白，黒などの混色で，短尾は関節が癒合しており，柔軟性があまりない．性質は愛情深い．

シャム
タイが原産で，もっともよく知られたアジア系の短毛種である．1300年代に誕生し，鋭角的な顔とほっそりとした輪郭を持っている．毛色は生まれたときは真っ白であるが，濃い目の色合いのポイントが尾や顔などに現れてくる．そのポイントの色によって20種程度の系統が存在し，ポイントの濃さは気温による影響を受け，温暖地では薄くなる．性質は愛情深い（図1-11）．

アビシニアン
原産地はイギリスであるが，古代エジプトのネコと似た外見を持ち，イエネコの中でもっとも古いものの1つである．1868年にアビシニア戦争の帰還兵がイギリスに持ち帰り，その後の交配で改良成立した．毛色はライラック，ブルー，チョコレート，レッド，フォーンなどである．しなやかな筋肉質のボディーとV字形の頭を持ち，多産でなく，性質は知的でややとりすましている（図1-12）．

オシキャット
原産地はアメリカで，野性的で力強い印象のあるのが特徴である．1964年にチョコレート・ポイント・シャムの雄とアビシニアン×シール・ポイント・シャムの雌を交配して偶然生まれた子ネコが起源で，その後大型化が図られた．毛色はチョコレート，シルバー，黄褐色で，人なつっこいが警戒心は強い（図1-13）．

ベンガル
原産地はアメリカで，雄のイエネコと雌のアジア産のヤマネコとの交配により1960年代に作出された．毛色はレパード（ヒョウ），イエネコに野生ネコから入った模様があり，大きなスポットが横に並び，バラの花冠上に配列するのが理想的とされる．性質は人なつっこくおとなしい（図1-14）．

図 1-11　シャム（株式会社コジマ提供）.

図 1-12　アビシニアン（株式会社コジマ提供）.

図 1-13　オシキャット（株式会社コジマ提供）．

図 1-14　ベンガル（株式会社コジマ提供）．

図 1-15　マンチカン（株式会社コジマ提供）．

マンチカン
　アメリカが原産地で，脚の長骨が短いのが特徴の矮小種である．1983年にアメリカのルイジアナで突然変異によって生じた．現在，この品種を認めていない登録団体もある．毛色はレッドあるいは黒と白などで，顔は正三角形とゆるやかなV字形の中間である．好奇心が強く愛嬌がある（図1-15）．

スフィンクス
　原産地はカナダで毛のないのが特徴の品種であり，1960年代に雑種のショートヘアからカナダのオンタリオ州で突然変異によって生まれた毛のない子ネコが起源である．この変異は劣性の遺伝子によって生じた．ヘアレスではあるが，短い産毛のような被毛を残している．毛色は褐色あるいは黒と白との混色で，寒さには弱く，性質は愛情深い．

　そのほかにも，アメリカン・カール（反り返った耳を持つ），ブリティッ

シュ・ショートヘア（代表的な短毛種），コーニッシュ・レックス（ウェーブのかかった被毛を持つ），スコティッシュ・フォールド（折れ曲がった耳を持つ），ロシアン・ブルー（エメラルドグリーンの眼を持つ），コラット（瞳の輝きが美しいタイのネコ）などの特徴的なネコが存在している．また，一般に日本ネコ（和ネコ）と呼ばれるネコは，1つの固定された品種ではないが，中国から日本に渡来したネコを祖先にして，その後外国から移入されたアジア系のシャムやヨーロッパ系のペルシャなどが交配された影響を持ち，日本に定着しているネコ集団を指す．遺伝的に斉一化された品種ではないが，短顔で，毛色は多様で優美などの特徴を持ち，短尾や長尾の先の折れ曲がっているもの（キンキーティル）や三毛ネコの存在などがよく知られている．

　ネコの品種による性格の違いは，広く認められている．たとえば，シャムは愛情要求がかなり強く，関心を引きたがる性格で，おしゃべりでよく声を出し，一方，ロシアン・ブルーは静かで温和といったことが記されている（Hart and Hart, 1984）．そのほか，ペルシャは活動性や破壊性がきわめて低いが，オリエンタル・ショートヘアやシャムは概ねきわめて興奮しやすく破壊的であると述べている．自己本位など一般的にネコに特徴的な性格の強弱が品種間で存在しており，また個体差もみられる．ネコはあまり温和な性格とはいえないが，家庭ネコとして子どもが安心して触れることのできるネコ品種への要求から，ラグドールなどの温厚な品種が作出された．キャットショーにおいても，近年外見だけでなく性格のよさが重視されるようになってきた．

(3) 品種造成の問題点

　ヒトはネコに対してなにを求め，そしてどのようなネコ品種を作出したいのかという問題は十分に議論される必要がある．現在，ほとんど愛玩用として飼育されるネコに対して，ヒトはその外観に大きな欲求を持ち，ときとして新奇性を追い求めてきた．その結果，突然変異などで生じた奇形を維持し，その増殖を図ってきた．これら奇形あるいは極端に変わった外部形態の中には，機能的な健康問題を抱えるものも少なくない．マンクスは尾がないのが特徴であるが，致命的な健康上の問題を引き起こす可能性がある．マンチカンは矮小種であるが，脚の長骨が異常に短い．アメリカの北東部のある地域では，通常より指の数が多い（多指）ネコ集団が存在している．東南アジアや日本でよくみられ

る尾の先が折れ曲がったネコたちも一種の奇形である．ブルーの眼をした白ネコは聴覚障害を起こしやすい．奇形としてもっとも刺激的なものは，無毛のスフィンクスである．これらの奇形的な品種の中には機能的に問題のないものも多いが，一部健康上の問題を抱えるものもある．

　また品種造成の過程で，近親交配によって形質の強化と品種の純化を図る方法が多用されてきたが，これによって遺伝性疾患の発現や繁殖率の低下がみられることが多い．ヒトの欲望がネコの健康問題を引き起こし，ひいては動物福祉に反することにもなっている．キャットショーなどでも，あまり特異な形質のネコを追い求めることは是正される必要がある．近年は性格のよいものなどにも重点がおかれるようになり，改善の方向に進みつつある．

　選択繁殖はイエネコという種全体でみれば，大きな影響を持つとはいえないと思われる．とくにイエネコでは，飼育される純血種の割合は多い国でも10%程度で，大半の国では2%未満と想定され，一部の純血種に健康的な問題があるとしてもそう大きな問題とはならないであろう．とくに，イヌの多くの純血種にみられるような遺伝性疾患の問題は少ないといえる．

　しかし，ネコの福祉という点で考えれば，健康上の問題を抱えるような品種あるいは個体は繁殖すべきではない．

2 狩人としてのネコ
——動物学的な特性

2.1 ネコの感覚器官と行動発達

(1) 感覚器官

　子ネコは誕生してから3カ月を過ぎると，すべての感覚器官が成熟する．ネコには通常の五感に加え，精密な平衡感覚，性的臭いをとらえる鋤鼻器，電磁波による帰巣能力さえも備えている．ネコの感覚器官は，獲物を捕ることに備えて進化してきたが，同時に危険を察知し，避けるための進化でもあった．ネコの触覚の受容器官は体中にあり，大半は肉球とヒゲに集中している．ヒゲの中でもっとも長く，本数も多いのは下顎と口吻のヒゲである．ヒゲは非常によく動き，鋭い感覚を備えており，なにかの物体がヒトの毛幅の2000分の1ほど動いただけで，それを察知できる．このように触覚の非常に発達したヒゲを持っていることが，ネコ科動物の重要な感覚特性の1つといえる．

　ネコは小さな齧歯類を捕らえるのに適した，優れた聴覚を進化させた．ネコは12以上の筋肉を駆使して，耳を正確に動かし，耳を回したり，必要なときは両耳を別々に動かし，獲物や危険を耳で察知する．ネコはヒトの聞き取ることのできる最高周波数2万ヘルツより高い6万5000ヘルツまで聞き取ることができる．耳には平衡感覚を助ける機能もあり，生まれつき木登りの能力を備えているが，これは優れた平衡感覚によるものである．内耳には平衡感覚器である内耳前庭器官があり，方向や速度の変化はただちにここに伝わり，ネコはその位置を補正する．ネコの耳の解剖図を図2-1に示した．

　ネコの視覚については，眼が突き出ていることにより，広い視角と視野を持っており，これは獲物を捕食するうえで重要である．また，ヒトが必要とする光の6分の1の光でネコは獲物を確認できる．瞳孔は眼の90%まで広がるが，陽光の中で眼を守るためにほぼ完全に閉じられている．ネコの色覚については，

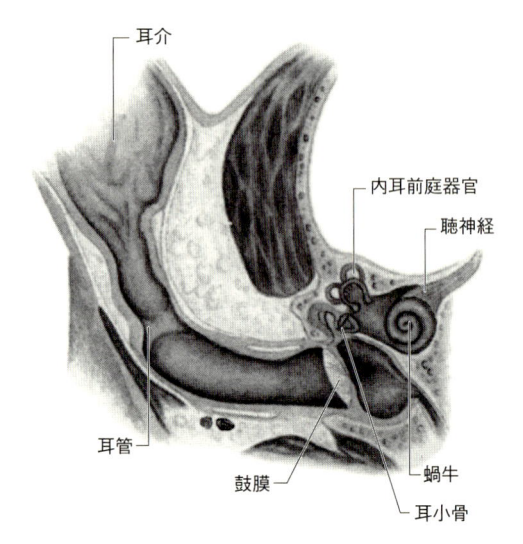

図 2-1　ネコの耳の解剖図（Fogle, 2001 より改変）．

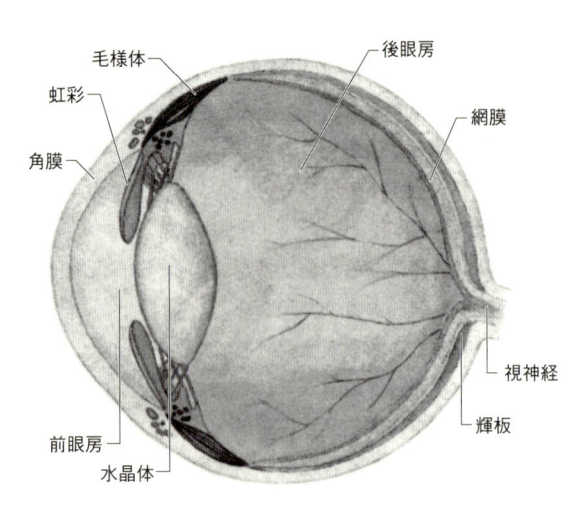

図 2-2　ネコの眼の解剖図（Fogle, 2001 より改変）．

網膜上にある色を感じる錐状体は青と緑は識別するが，赤は識別できないといわれている．しかし，動きに対しては敏感で，網膜上に動きを察知する桿状体が多くある．ネコのみる世界はぼやけているが，これは多くの光を集めるために水晶体が大きく，そのため細部まで細かくみることができない．ネコの眼でめざましい変化を遂げたのは，網膜の裏にある反射する細胞の層の輝板である．輝板は網膜を通して光を跳ね返し，錐状体や桿状体に対して，情報を伝達する高度な能力を与えている（図2-2）．

　嗅覚と味覚は化学的な感覚器官で，ネコの嗅覚はヒトより鋭いがイヌほど優れていない．ネコの鼻の中にはヒトの2倍の嗅細胞（嗅覚器）があり，ヒトの気づかない臭いをとらえることができる．鼻は獲物や食物，仲間か敵かを嗅ぎ分け，尿や糞に残っている化学的メッセージを読み取るために使われる．ネコはほかの哺乳類と同様に，口の内上部の口蓋に鋤鼻器（ヤコブソン器官）があり，この器官を使うとき口を半分ゆがめ，半分開けるようなフレーメンという行動をみせる．ネコの味覚については，味蕾が肉のアミノ酸を検出するために特殊化されており，植物性の炭水化物を検出する能力はヒトより劣っている．味覚テストによると，ネコは酸味，苦味，塩辛さは感じるが，甘味は感じないと思われる．図2-3にネコの化学的受容器（鼻と口）の解剖図を示した．

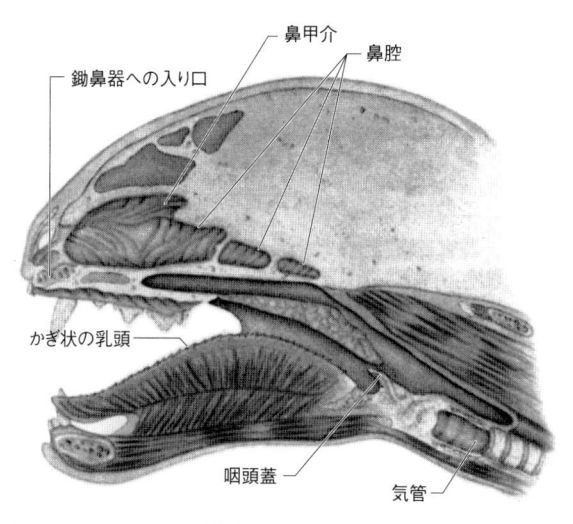

図2-3　ネコの鼻と口の解剖図（Fogle, 2001より改変）．

(2) 行動の発達

ネコの生後の行動の発達は，ほかの多くの哺乳類と同様に，触覚系，つぎに前庭系，聴覚系，最後に視覚系が発達する（Gottlieb, 1971）．最初の2週間の感覚世界は，温度刺激および聴覚刺激で満たされている．そして，視覚が大きな役割を果たすようになるのは3週齢以降である．嗅覚は生時に存在しており，およそ3週齢までに完全に発達する．聴覚はごく初期に認められ，1カ月齢までにはほとんど発達する．成ネコと同様の音源定位反応は，生後4週齢までにすべての子ネコで認められるようになる．以降，視覚的に方位をみきわめる行動が急速に発達し，3週齢の終わりまでに視覚により母親を探し，近づくことができるようになる．そして，視覚行動は1カ月齢までに著しく増し，2週から16週までに16倍に増加する．

子ネコは3週齢までにある程度体温を調節できるようになり，7週齢までには完全に成ネコと同様の温度調節パターンを獲得する（Olmstead *et al.*, 1979）．成ネコと同じ睡眠パターンは7–8週齢までに発達する．雌ネコは7–12カ月齢の間に性成熟を迎える．出生後のネコの脳の重量は成ネコの約20%であるが，約3カ月齢までに成ネコのレベルに達する．

6–7週齢までには移動時に成ネコが示すあらゆる歩様を示すようになるが，複雑な運動能力は10–11週齢までは十分に発達していないと思われる（Villablanca and Olmstead, 1979）．四肢の踏みおき反応は，生後2カ月の間に視覚系を利用して徐々に発達していく．生後3週間の子ネコへの栄養補給はすべて母親からの授乳で賄われ，そして早ければ5週齢ごろネズミを殺し始めることもある．4週齢はなんらかの固形物を食べ始める時期で，離乳期の始まる兆しが現れる．離乳が進むにつれて，5–6週齢までには自発的に排泄できるようになる．ふつう生後7週までに離乳はほぼ完全に終了する．

4週齢までには社会的遊び行動が一般的となり，7週齢になると遊び的な社会的相互行動へと発展する．追いかけっこなどを多く含む社会的遊び行動は，12–14週齢までは多く続き，その後しだいに減少する．視覚的な行動の学習が可能なのはもっとも早くて1カ月齢といわれている（Bloch and Martinoya, 1981）．子ネコは6–8週齢までには，視覚と聴覚の両方による脅迫的な社会刺激に対して，成ネコと同様の反応を示し始める．表2–1に子ネコの行動発達の

表2-1 子ネコの行動発達の概要.

行動の種類	行動の発達と時期
眼が開く	生後7-10日前後に眼が開き，2-3週目から視覚行動が可能．その後2カ月程度の間，視覚機能の発達が続く．
聴覚	生後1週から1カ月の間に聴覚の発達が進む．
生理機能（温度調節など）と運動機能	生後2-3カ月ごろより十分に発達する．
栄養摂取	生後3週間は母乳に依存しているが，4週ごろから固形物の摂取が可能になる．5-6週で自発的な排泄が可能となる．7週ごろまでに離乳が完了する．
子ネコどうしの社会的な遊び	生後4週ごろに始まり，12-14週ごろまで頻繁に行われる．
物に対する遊び行動	生後7-8週ごろからみられ始める．

概略をまとめて示した．

(3) 行動発達の過程と社会環境

　子ネコの行動の発達過程は，遺伝的および非遺伝的要因の影響を受け，どの行動パターンの発達にも遺伝子と環境の両方の要因が必要である．しかし，ネコの行動を内因性（遺伝的あるいは生得的）と外因性（後天的獲得）の行動パターンに分類することはできない．遺伝的な影響として大きなものに父性の影響があり，子ネコの眼の開く時期，人慣れのよい性格などが影響の大きい形質である．社会化ならびに長期にわたる行動への影響は，一生涯の中でも初期の段階に限られ，その時期は感受期といわれる．人慣れのよい性格には，この初期の社会化も大きく影響する (McCune, 1995)．生涯の初期段階では脳に大きな可塑性（柔軟性）が認められ，初期の段階で子ネコに触れ世話をすること（ハンドリング）は，行動および身体的発達に多くの影響をおよぼし，あらゆる面で行動の発達を急速に促進する．しかし，一方でネコの回避行動が遅延し，恐怖心を減少させる傾向にある (Wilson *et al.*, 1965)．初期の栄養の質も行動の発達に影響をおよぼす要因の1つで，栄養状態の悪い母ネコから生まれると行動や発育に異常が出やすい．また，妊娠中の栄養状態も子ネコの初期のさまざまな行動発達や捕食行動，探索行動に影響をおよぼす．

　ネコは自然あるいは半自然状態では，親しいネコ，通常は近縁にある個体との間に強い社会的関係が形成される．イエネコの場合，親しさを基盤とした社会的関係は，生後2カ月までに容易に構築される（刷り込み）．しかし，ヒトに

対する友好性にはかなりの個体差がみられる．人工保育あるいは2週齢時に母ネコから隔離された子ネコでは，ほかのネコやヒトに対して異常な恐怖心や攻撃性を持つようになり，無目的の運動活性が上昇し，学習能力も低下する (Seitz, 1959)．若いネコは母ネコから学習するという適応能力があり，ほかのネコの行動にも強い興味を示し，行動を学習する能力がある．捕食行動においては，新しい食物への挑戦意欲と特殊な食物への嗜好性も母ネコに強く影響される．オペラント行動をする母ネコをみていた子ネコはすぐにその行動を覚えるが，試行錯誤ではまったくできないことがあり，ほかのネコの行動をみせたほうが早く習得できる (John *et al.*, 1968)．また，同腹子との社会的経験は行動の発達に影響する重要な要因の1つとなる．

初期の経験が長期にわたって行動に影響をおよぼすということはなく，生時の一部の運動パターンや反射反応は数週齢で消える (Villablanca and Olmstead, 1979)．2カ月齢も終盤の離乳期ごろには遊び行動の性質も明らかに変化し，7-8週齢ごろには物と遊ぶ回数が急激に増え，行動の性質が異なってくる．遊び行動パターンの中にはしだいに捕食行動のパターンと結びつくものもあれば，闘争的社会行動に結びつくものもある．ネコの遊び行動にみられる運動パターンと獲物を捕らえて殺すときの運動パターンは類似点が多い．遊び行動は捕食技術を磨くうえで微妙な効果をもたらす．離乳 (4-7週齢ごろ) は重要な変換期で，食物の種類の変化とともに，捕食行動や遊び行動の発達などにおいて行動的ならびに身体的変化をもたらす．生来持って生まれた行動パターンも学習によって，また成長後に受けたほかの経験によって変容することも多く，発達の修了時点では同じ安定した状態に達する．例として，捕食技能では初期の個体差が消失することが多い．また，ネコは一度獲得した知識や仲間に対する好き嫌いなどの選考性を変えない．

2.2 ネコの狩猟能力

狩りはネコの本質ともいえる本能的な行為で，ほかの動物を捕らえて食料にするという点においては，ネコは地上で大いに成功した存在である．しかし，飼育されているイエネコの場合は食べるためではなく，スリルを味わうために狩りをする．ほとんどのネコ科動物では陸生の哺乳類を獲物にしているが，鳥

類だけを狙うネコも存在する．ともかくネコは恐るべきハンターといえる．

（1）筋肉とその働き

　ネコの優れた狩猟能力を可能にしているのは，感覚器官とともに優れた筋肉の働きである．ネコの体は，神経系統を経由して脳から送られてくる情報に対して，すばやく反応する．ネコが優雅に動けるのは，高度に分化した骨格とすばやく動く筋肉が重要な要因となっている．肩が筋肉と靭帯だけで構成されており，固定されていないという特徴を持っている．また，後肢の筋肉がよく発達している．強くて柔軟な筋骨格は，優れたハンターになることと，危険な状態からすばやく逃げるために進化してきた．ネコは筋力，柔軟性，平衡感覚を兼ね備えることで，イエネコの祖先のヤマネコなどは小型の捕食動物として生き延びてきた．

　ネコの筋肉の大部分は「速く収縮し疲れやすい」筋肉細胞でできているので，敏捷で体長の数倍もの長さを一跳びできるが，瞬時に全エネルギーを使い果たす．優れた短距離走者といえるが，「速く収縮し疲れにくい」細胞は少ないので耐久走行には向かない．もう1つのタイプである「ゆっくり収縮し疲れにくい」細胞の持久性のある収縮により，長時間かがみ続け，獲物に気づかれずに忍び寄り，跳びかかる機会をうかがうことができる．急に襲いかかるときは，後肢で跳ね，背は弧を描き，前肢で獲物の上に着地する．また，姿勢を立て直す優

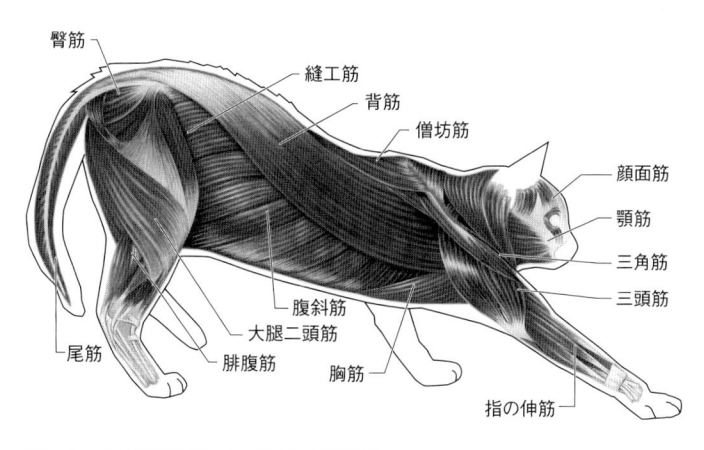

図2-4　ネコの筋肉（Fogle, 2001より改変）．

れた反射神経を有し，柔らかい足裏と弾力性のある関節が着地に際して衝撃吸収剤として働くことにより，宙返りと安全な着地を行える．図2-4にネコの筋肉の概要を示した．

(2) 狩猟行動

ネコの狩猟行動についてはKitchener (1991) とBradshaw (1992) の総説がある．狩猟行動は基本的には，周囲をくまなく探し回る行動，不動の姿勢で注意深く一定の方向をみすえる行動，そして獲物に跳びかかる行動の3つのパターンに分けられる．ひとたびネコが探索行動を開始すると，聴覚によるシグナルはきわめて重要で，成ネコでは音だけで獲物のいる位置の範囲を絞ることができる．視覚も獲物の発見と識別に重要で，動いているか動いた対象物がネコの獲物に対する動作を誘発する．また，狩猟行動は経験を通して学習するということが重要である．ネコは広食性かつ定住性で，広い範囲の獲物を食料として口にし，獲物の切り替えを容易に行う捕食動物といえる．

ネコの狩猟戦略は機動的戦略と静止的戦略に分類され，前者は獲物の探索と狩りに歩き回るなどの動きをともなうもの，後者は座って待つなどの行動戦略を指す．跳びつく直前まで待つという行動は，ネコの狩猟行動の特徴的なもので，小型の穴居性の齧歯類の捕獲のために特殊化されたものと考えられる．また，鳥類を捕食する場合は獲物に忍び寄るという狩猟方法が必要となる．

ネコの祖先は著しく夜行性の動物と考えられるが，現在のネコは昼行性に近い．そこで，摂食行動あるいは狩猟行動も1日のうち24時間にわたって行われているといえる．季節的な変化については，秋と冬よりも春と夏の時期のほうが活動的で，その時間も長い．基本的にはネコは単独で狩猟する動物であるが，狩猟のために積極的に共同して遠出する行動もみられる．この場合，血縁関係にあり，同じすみかを共有しているネコたちが共同行動をとることが多いとされる．

(3) ネコの狩猟領域と獲物

ネコの場所に対する記憶力は優れており，再度獲物を求めて以前に獲物を捕らえた場所に戻ることがある．ネコは居住地域とは違う周辺の特定の野原や開拓地域に興味を持つといわれている．この場合の地域とは，新しく牧草の刈り

取られた牧場や，最近穀物が収穫された畑，あるいは新しく開墾された森林である．このような場所では隠れるところがないため，ネコにとって獲物を探す機会が増えると考えられる．狩猟のための遠出の移動距離は，行動圏の形や大きさ，獲物になる動物の分布状況や豊富度によって左右される．ネコの狩猟はほとんどの場合，湿原や沼地ならびに草原で認められ，森林ではめったにみられなかったという報告がある (Liberg, 1982)．森林地帯では狩猟をしないかあるいはほとんど成功しないと考えられるが，雄ネコは雌ネコに比べ森林で観察されることが多いとされる．これは雄ネコの行動圏の広さと通常森林の境界部に近いすみかが関係していると思われる．

ネコは成熟してからラットやウサギなどの比較的大きな獲物を捕らえるようになる．ネコに食物を与えることで，ネコの狩猟意欲が軽減され，狩猟に費やす時間と狩猟行動の激しさが影響を受けると思われる．食事を十分に与えられていないと，ネコは野良化しヒトやその住居への愛着が希薄になる．家庭で食物を与えられている雌ネコが狩猟に費やす時間は，1年間を通して野良ネコのおよそ半分程度といわれる．ネコは小型の齧歯類を捕らえながら進化してきており，少ない食料のために頻繁に狩猟するようになったといえる．野原や農場などの地域で生活するネコの場合は，齧歯類とウサギ，鳥類が食物となっていた．獲物の内訳は，脊椎動物では哺乳類が64-85%を占め，鳥類は15-35%であったという報告がある (Churcher and Lawton, 1987; Carss, 1995)．爬虫類は低緯度地域では重要な獲物となりうる．カエル類や魚類も獲物となりうるが，その頻度は低い．昆虫類も獲物と考えられるが，あまりにも小さいので食物を補うほどのものとはならない．

2.3 ネコのコミュニケーション

(1) 嗅覚によるコミュニケーション

ネコの鋭い嗅覚は，元来食物をみつけるために進化してきたものであると同時に，なわばりを持つ動物に起因した進化とも考えられる．ネコ科動物で小型の種は概ね排他的ななわばりを持つとみられ，イエネコの祖先であるリビアヤマネコも例外ではない (Smithers, 1983)．広いなわばりを持つ動物では，たが

いに直接顔を合わすといったことはめったにないため，臭いの跡によりコミュニケーションを行う傾向がある．そして，食肉目に属する種の動物たちは，コミュニケーションのため臭いを広く利用している (Gorman and Trowbridge, 1989)．イエネコの場合，その多くは野生のネコ科動物に比べてかなり高い個体密度で生活しており，家畜化の過程を通じてコミュニケーションに変化が加わった可能性がある．集団生活をしているネコ科動物では，臭いを使って情報交換するだけでなく，群れや集団の特異的な臭いをつくるために臭いを交換しあっていると考えられる．

尿を利用してのコミュニケーションでは，子ネコや若齢ネコならびに雌の成ネコが通常しゃがんだ姿勢で排尿し，その上に土やトイレ砂などをかけて覆うというのが一般的である．隠そうとする行動は，広く散らばったなわばりを持つ動物では効果的な手段といえる．少数の優位にある雄ネコでは，尿スプレーによるマーキングが多くみられ，これは発情した雌ネコなどに対する行動である．スプレーによる尿は刺激臭のある臭いで，おそらくこのスプレー行動によって包皮あるいは肛門腺からの分泌物が放出されると思われる．この尿スプレーとなわばり機能との関係は不明である．嗅ぐ行動に続いて，上唇を持ち上げて口を一部開けたままにするフレーメン行動は，ほかのネコの臭いに反応したときに限ってみられることから，おそらく社会的な情報集めを行っているものと考えられる．

糞便を用いてのコミュニケーションでは，ホームレンジの近くでは通常糞便が埋められるのに対し，ほかの場所では隠さずにそのまま残されることがある．このことから糞便を埋めるのは，衛生上の理由とも思われるが，糞便に含まれる臭いの情報がほかのネコに伝わるのを最小限にする1つの機能とも考えられる．爪とぎ行動は，前肢の爪を整えるためであるのはまちがいがないが，これによって必然的に掌部にある腺（指間腺）の臭いがつくことにもなる．爪とぎをする場所は，なわばりあるいはホームレンジの辺縁よりも，定期的に使っている通路に沿って分布している．イエネコには指間腺のほかに皮膚腺が数カ所存在する．これらの腺がそれぞれ特定の分泌物を出すのか，決まった機能を持っているのかなどについては明らかでない．未去勢の雄の成ネコでは，発情休止期の雌ネコや若いネコに比べて，こすりつけによる臭いつけの行動が頻繁に認められる (Feldman, 1994a)．こすりつけによる臭いの跡はネコの鼻にとっては

きわめて刺激の強い臭いであり，頭部からの分泌物を頻繁にその上にこすりつけている．ネコどうしがこすりあう行動は，視覚ならびに触覚的なディスプレイであり，これによってネコの間で被毛の臭いが交換されることになる．

(2) 聴覚によるコミュニケーション

ネコの音声は，概ね4種類の相互交渉の場合に限られて使われている．すなわち，闘争，性的交渉，母ネコと子ネコの間，およびネコとヒトとの間において認められる音声である．攻撃ならびに防御的な状況下では，争いに備えて全身が緊張状態にあるものと思われ，発せられる音声はやや緊迫した強いものとなる (Moelk, 1944)．つぎに，雌雄両方に認められる性的な叫び声はきわめて強烈な音声で，交配相手や同性の競争相手に対して自分を誇示するものと思われる．

3週齢以下の子ネコが発する音声は，防御のために出す息をふきかけるような音声，のどを鳴らす音声ならびに成ネコが発する「ミャオ」によく似た苦痛を知らせる鳴き声などに限られる．ゴロゴロとのどを鳴らす音声はネコではさまざまな場面で認められるが，その機能は完全に解明されていない．おそらく悪意のなさ，安心の状態，ほほえみ的なものを表していると考えられる．そして，この声はネコとヒトとの接触の際やネコどうしの接触の際にもっともよく

表2-2 成ネコの使う音声シグナル (Turner and Bateson, 1998より改変)．

音声シグナル	持続時間（秒）	用いられる状況
口を閉じたままで発する音声		
のどを鳴らす音声	2+	接触
震え声	0.4-0.7	あいさつ，子ネコとの接触
口を開けてから徐々に閉じながら発する音声		
ミャオ	0.5-1.5	あいさつ
雌ネコの呼び声	0.5-1.5	性的
雄ネコの呼び声	?	性的
叫び声	0.8-1.5	攻撃的
一定の状態で口を開けたまま発する音声		
うなり声	0.5-4.0	攻撃的
叫び声	3-10	攻撃的
くぐもったうなり声	0.5-0.8	攻撃的
シャー	0.6-1.0	防御的
短く息をふきかける声	0.02	防御的
痛みによるかなきり声	1-2.5	恐怖と痛み

認められる．ネコは例外的に，慢性的な疾患に侵されているときや，激しい痛みを感じていると思われる際に，持続的にのどを鳴らすことがある．したがって，この音声は接触や保護を誘うための操作的なシグナルとも考えられる．「ミャオ」という音声は，ネコどうしの間ではきわめてまれにしか聞かれないので，この音声を発することによってヒトの注目が得られるという学習にもとづく反応と考えられる．ネコは食事制限でかなり容易に訓練でき，鳴き声を誘導することができる．表2-2に成ネコの使う音声シグナルの特徴と使われる状況をまとめて示した．

(3) 視覚によるコミュニケーション

野生型のネコは身を隠すのに適した斑紋（縦縞）を持っており，オオカミに比べて比較的動きのない平べったい顔をしている．しかし，多種多様の視覚に訴えるシグナルのレパートリーを持っており，これはおもに攻撃行動の制御に使われている．敵対的な状況でみられる姿勢の多くは，そのネコが自分の大きさを変えようとしているものと解釈できる．そして，それによってネコの間の相互作用の成果に影響を与えることになる．攻撃的なネコは毛を逆立て，できるだけ背を高くみせようとするが，争いを避けたいネコは地面に腹ばいになり耳を寝かせ，頭部をすくめる姿勢をとる．おそらく敵対相手のネコは，相手のあらゆる姿勢の意味を理解し，どのようにこの対戦を進めるかを決める際に利用している．それぞれの姿勢がはったり的なものか，相手を欺くためのものなのかなどの解明は進んでいない．攻撃と防御の際の耳の位置を図2-5に示した．

ネコは敵対する相手と対戦する場合，まず最初の段階では相手をみないようにする傾向が認められる．その際にたがいに相手をみる行動は威嚇シグナルと解釈されているのかもしれない．転がる行動は，雌ネコの性行動（発情後期）の一部であり，雄ネコがほかの雄ネコに対して示す転がり行動は，服従行動あるいはなだめる行動と考えられる．垂直に尾を立てる（尾の挙上）行動は，親和的行動にともなうシグナルである．すなわち尻尾を垂直にあげる行動は，好意的に相互行動をしたいという意思のシグナルということになる．気心の知れないネコの接近などに際して，悲惨な結果を招かないためにも重要なシグナルである．

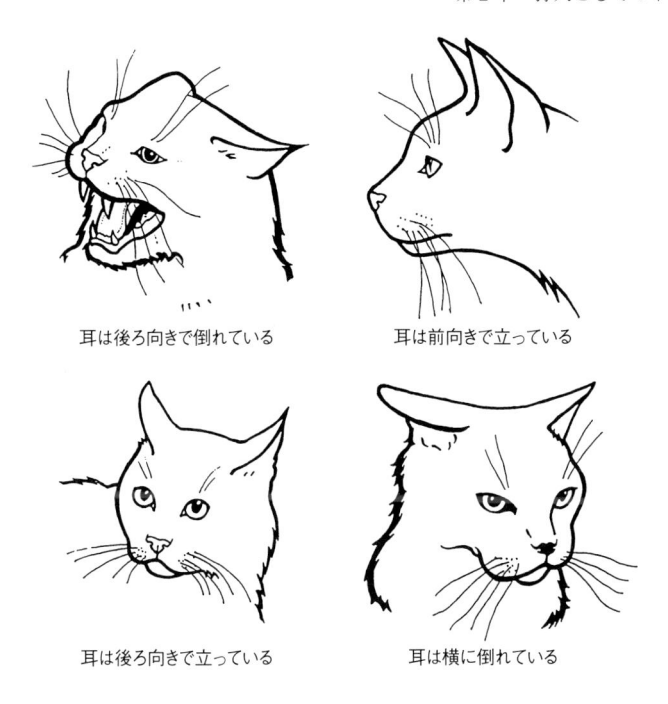

耳は後ろ向きで倒れている　　　　耳は前向きで立っている

耳は後ろ向きで立っている　　　　耳は横に倒れている

図2-5　ネコの攻撃と防御の際の耳の位置（UK Cat Behaviour Working Group, 1995より改変）．

（4）触覚によるコミュニケーション

　触覚によるコミュニケーションで明確なものとしては，ネコどうしが頭部や体幹部あるいは尻尾をたがいにこすりあう行動と，相互毛づくろい行動の2つがある．こすりつけ行動は，雌の成ネコから雄ネコ，雌の成ネコどうし，子ネコから雌の成ネコの間において多くみられるとの報告もある（Macdonald et al., 1987）．このことは，こすりつけ行動は体の大きさや地位に差のあるネコの間で認められる傾向にあるといえる．ヒトに対するネコのこすりつけ行動も，ヒトに対するあいさつや敬意の表現とも考えられる．社会的集団の仲間をほかの仲間が毛づくろいする行動は，重要な意味のあることが多くの動物種で認められている．ネコの観察では，より攻撃的なネコが攻撃性の低いネコに対して毛づくろいをする場合が多く認められている（van den Bos, 1998）．このことによ

り，ネコの相互毛づくろい行動は，転嫁攻撃行動あるいは支配的行動の 1 つの形であると思われる．ネコは触覚を利用したボディーランゲージによって特徴的なコミュニケーションを行っているものと考えられる．

(5) シグナル行動に影響する要因

ネコのコミュニケーション様式をパターン化すると，シグナルは相互毛づくろいを含む接触，こすりつけ行動，攻撃的行動，防御的行動ならびに遊びの 5 つのグループに分けられる．性行動と母性行動は特殊な別のシグナルと考えられる．ネコの行動様式は個々のネコの年齢，性別ならびに繁殖状態によって影響を受け，父性（遺伝）と初期の社会化によっても特異的な影響を受ける．うなり声を発する行動は社会化によって抑制されるが，父性には影響されない．一方，シャーという鳴き声は父性により強く影響される．人慣れのよい父親を持つネコと社会化のなされていたネコでは，尾を挙上する行動の回数がきわめて多く認められたが，のどをゴロゴロ鳴らす行動では父性による影響が認められなかった (McCune, 1995)．

家畜化にともなって同種間ならびに社会的なコミュニケーションの必要性が増加したと考えられる．それ以前より高い密度で生活することに順応する必要が生じ，その結果，群居生活に適応するようになったのである．単独性の動物に必要なシグナルは，群居性の動物が必要とするシグナルとは特性が異なるため，シグナルパターンに進化的変化をもたらした．まず最初は，元来シグナルとして使われていなかった行動が新しくシグナルに進化したものがある．尿スプレー行動では，野生のネコ科動物とイエネコにおいて尾の挙上がみられるが，イエネコではこの尾の挙上に親和的なシグナルという役目が加わった．尾の挙上が親和的シグナルとして機能しているのは，社会性が強く群居性が認められるイエネコとライオンだけである．

つぎに，既成のシグナルが変化して発達した結果，二次的機能を持つようになるが，構成においては変化がないというものがある．野生のネコ科動物にみられる社会的転がり行動は性的なシグナルであり，繁殖行動の一部として認められるものである．しかし，イエネコの群れのなかではさらに服従姿勢としても使われている (Feldman, 1994b)．また，社会的なこすりつけ行動と毛づくろい行動も，野生のネコ科動物における性的シグナルに加えて，イエネコでは一

般的な社会的あいさつとしても使われる．「ミャー」といった鳴き声や手で揉む行動，のどを鳴らす行動は，いずれも幼獣の行動と考えられ，野生ネコではふつう成獣になると消失する．しかし，イエネコは成ネコになってもヒトに対して子ネコのようなふるまい方をする能力を身につけ，幼形成熟したシグナルとして日常的に使っている．

　3 つめは，既存のシグナルが構成的にも機能的にも変化して，別個のシグナルとなったものである．こすりつけ行動は，ネコどうしよりもヒトに対するほうが頻度も高く，強烈であることが認められているが，この違いはシグナルを受ける側の心理的状態の変化が原因ではないかと考えられている．ヒトに対するネコの行動の多くは，食物か関心のいずれかを得るためのシグナルとして使われているので，うるさくてめだつシグナルのほうが有利である．

2.4　ネコの遺伝

(1)　外部形態の遺伝

　ネコの外部形態の遺伝形質の中で，広く変異のみられるものは，毛の長さ，尾の長さと形があげられ，そのほか特殊なものとして耳殻のカール，垂れ耳，短脚，巻毛などがある．毛の長さについては，ネコの被毛は元来短く，短毛遺伝子は「L」と表記される．その後，突然変異で生じた長毛の劣性遺伝子は「l」と表記される．この毛の長さは品種分類の大きな特性となっている．また，同じく突然変異で生じた無毛遺伝子も存在しており，「スフィンクス」（一部に細い毛がみられる）という品種の特徴を示すものとなっている．尾の長さについては，ネコはもともと長尾であるが，日本ネコの短いもの（4 cm くらいまで），イギリスのマン島原産のマンクスのようにほとんど尾のないものなどの変異がみられる．無尾遺伝子（M）はホモ接合体で致死作用を持っているので，この形質は固定しない．尾の形は通常直尾であるが，キンキーティル（曲尾や短尾）と呼ばれるものが，日本や東南アジアのネコに多く存在している．マレーネコでは長さが 10 cm 前後で，先の骨の曲がったものが多い．この尾曲がりの形質は，劣性の突然変異遺伝子によって発現するもので，尾曲がりのネコと通常の尾の遺伝子しか持たないネコの交配では，通常の尾のネコが生まれる．

後ろに反り返った耳（カール）の形質は突然変異で生じたもので，優性遺伝形質である．さまざまな段階のフォールド（折れ曲がり）の耳（垂れ耳）は優性遺伝子によってつくりだされる．短脚は脚の長骨が短いもので，マンチカンという矮小種でみられるものである．ウェーブのかかった被毛である巻毛（レックス）は劣性遺伝子によって発現するが，単一の遺伝子座ではなく，2つあるいはそれ以上の遺伝子座の劣性遺伝子によって支配されていることが知られている．巻毛を有する品種は複数存在している．アメリカのボストンなどの地域では，足の指の多い多指のネコがよくみられるが，この形質の発現には少なくとも2つの遺伝子が関与していると考えられている．

(2) 毛色の遺伝

イエネコの祖先のリビアヤマネコの被毛は，縞のタビー模様を持っており，これは野生色と呼ばれる．この場合，毛衣の地色は灰褐色であるが，イエネコには家畜化の過程における突然変異で生じた黒変型，赤変型，白変型およびブルー型などの色相が存在している．これらの変異型では，それぞれ全身が黒色，赤褐色，白色および石版灰色である．イエネコの毛色はタビー模様のほかに，

表2-3　ネコの毛色を支配する遺伝子座と遺伝子型．

表現型	遺伝子座と遺伝子型								
	W	O	A	B	C	T	I	D	S
野生型（キジ）	ww	o	A-	B-	C-	T-	ii	D-	ss
白色	W-	・	・	・	・	・	・	・	・
茶色	ww	O	・	・					
黒色	ww	o	aa	B-	C-	・	・		
カラーポイント	ww	o			$c^s c^s$				
しもふり（アビシニアン）	ww		A-			T^a			
大虎斑（ブロッチド・タビー）	ww		A-			$t^b t^b$			
銀色（シルバー）	ww	o	A-				I-		
淡色	ww							dd	
キジ斑	ww	o	A-						S-
白黒斑	ww	o	aa						S-
茶斑	ww	O	・						S-
キジ二毛	ww	Oo	A-						ss
黒二毛	ww	Oo	aa						ss
キジ三毛	ww	Oo	A-						S-
黒三毛	ww	Oo	aa						S-

・印はその座位の遺伝子の発現が抑えられることを示す．

黒，赤，白，ブルー，そしてそれらの毛色のぶちになったもの（三毛など）が存在している．さらに，突然変異遺伝子の作用によってスポッテッド，ポインテッド，ティップド，シェーデッドなどの被毛パターンが存在している．これらの毛色を支配している遺伝子を一覧で示したのが表 2-3 である．イエネコは家畜化とその後の品種造成の過程で祖先のヤマネコとは大きく異なる多様化が進み，同一品種内でもさまざまな毛色の系統が作出されている．この毛色の多様性がイエネコの大きな魅力の 1 つとなっている．

W 遺伝子座は白色の発現を支配しており，優性の W 遺伝子があれば白色になるが，劣性遺伝子のホモ個体（ww）ではそれ以外の毛色になる．O 遺伝子座は茶（オレンジ）色の発現を支配しており，優性の O 遺伝子があれば茶色になるが，劣性遺伝子のホモ個体（oo）では黒色になる．A 遺伝子座では，アグーチ遺伝子（A 遺伝子）が野生色のタビー模様を発現する．劣性の a 遺伝子（ノン・アグーチ遺伝子）のホモ個体（aa）では単色となる．B 遺伝子座は黒色を発現する遺伝子座で，優性の B 遺伝子の存在で黒色になる．C 遺伝子座はシャムネコにみられるカラー・ポイントを発現する遺伝子座で，$c^s c^s$ でカラー・ポイントの毛色になる．一方，優性の C 遺伝子があると黒色になりカラー・ポイントは生じない．T 遺伝子座はタビー模様などの縞模様を発現する遺伝子座で，T 遺伝子があるとキジ模様（マカレル・タビー），T^a 遺伝子があるとアビシニアン模様（しもふり），$t^b t^b$ でブロッチド・タビー（大虎斑）となる．この3遺伝子の優劣関係は優性なものから T^a，T，そして t^b の順となる．I 遺伝子座は色の発

表 2-4　特徴的な品種の品種特徴遺伝子型（野澤，1995 より改変）．

品種名	毛の長短	品種特徴遺伝子型	備考
アビシニアン	短毛	$ww\ AA\ T^a T^a\ LL$	ティッキング
オシキャット	短毛	$ww\ TT\ LL$	スポッテッド・タビー
コーニッシュ・レックス	短毛	$LL\ rex\text{-}1$	巻毛
コラット	短毛	$ww\ o\ aa\ BB\ dd\ LL$	ブルー
ジャパニーズ・ボブティル	短毛	$aa\ BB\ LL$	短毛
シャルトリュー	短毛	$ww\ o\ aa\ BB\ dd\ LL$	ブルー
ハバナ	短毛	$ww\ o\ aa\ bb$	セピア色
ベンガル	短毛	$ww\ AA\ LL$	タビー
ボンベイ	短毛	$ww\ o\ aa\ BB\ DD\ ss\ LL$	無斑の黒
マンクス	短毛	Mm	無尾
ラグドール	長毛	$ww\ c^s c^s\ ll$	ポイントカラーと長毛
ロシアン・ブルー	短毛	$ww\ o\ aa\ BB\ dd\ LL$	ブルー

現を抑制（シェーディング）する遺伝子座で，優性の I 遺伝子の存在で単色（セルフ・カラー）のネコに白いアンダーコートを持つ「スモーク」と呼ばれる被毛色をつくりだす．類似の毛色変異である「スモーク」，「シェーデッド」，「シルバー・タビー」および「ティップド」はすべてポリジーン遺伝子によって生じる違いである．D遺伝子座は淡色をつくりだす遺伝子座で，劣性の遺伝子のホモ個体（dd）では，ブラック，チョコレート，シナモン，レッドの濃厚色から，それぞれブルー，ライラック，フォーン，クリームの毛色が生じる．S遺伝子座は白斑になる遺伝子座で，優性の S 遺伝子の存在で白い斑のある毛色になる．表2-4に主要な品種の毛色などの品種特徴遺伝子型を示した．

(3) 三毛ネコの発生機構

　三毛（ミケ）ネコとは茶（赤），黒（またはキジトラ）および白が「ぶち」を形成した状態の毛色を有するネコのことである（図2-6）．茶と黒だけの「ぶち」は二毛ネコと呼ばれる．ほとんど雌に限って出現する毛色で，日本ネコによくみられる．この三毛の毛色の発生には遺伝的な大きな仕組みが関与している．1

図2-6　三毛ネコ．

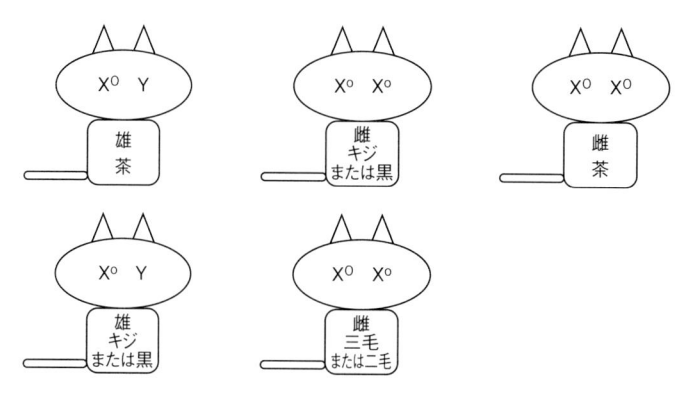

図 2-7 三毛ネコの発生に関与する遺伝子の模式図(仁川, 2003より改変).

つは茶色を発現するO遺伝子座が性染色体(X染色体)上に存在していることである．そしてもう1つは，哺乳類の雄では性染色体がXYとなるが，Y染色体は小さく遺伝子の数が極端に少ないので，雌のXXでは雄より2倍量の遺伝子が働くことになる．その雄と雌の不均衡状態を解消するため，雌ではX染色体の不活性化という現象が起こる．雌のO遺伝子座がヘテロ型(Oo)の場合，相同染色体の片方がOでもう一方がoとなる．身体の皮膚組織の部分によってどちらかのX染色体が不活性化され，茶色になったりほかの毛色になったりする．そのとき，アグーチ遺伝子座がaaであれば黒色，$A-$であればキジトラがほかの毛色として発現する．さらに白斑遺伝子(S)があれば白色が加わり三毛となり，ない場合(ss)は二毛となる．白斑遺伝子の作用の強弱(ホモかヘテロか)によって白色の部分の面積に差異が生じる．これらの関係を図2-7に模式図で示した．

　以上のように，三毛ネコはX染色体を2つ持っている雌にのみ発現する毛色であるが，まれに雄の三毛ネコが存在する．雄の三毛ネコは，染色体の核型異常(XXY)の場合に発現し，もっとも多いケースであるが，子どもはつくれない．そのほか，発生初期に個体の融合が起こり身体の細胞がモザイク状になったものとか，身体の一部でo遺伝子がO遺伝子に変化するなどの場合が考えられる．これらはいずれも遺伝的には異常な個体の発生である．

(4) 性格と毛色との関係

　これまで述べてきた外部形態や毛色のような質的形質に対して，環境の影響を大きく受ける形質（ウシやブタなどの農用家畜では量的形質と呼ぶ）も家畜の重要な選択形質である．ウシやブタなどの場合は，ヒトが期待する形質が肉量や乳量など測定可能な生産形質が多い．しかし，イヌやネコなどの伴侶動物では主として愛玩性を期待しており，農用家畜とは大きく異なっている．伴侶動物でもイヌでは盲導犬や警察犬などさまざまな用途で社会活動をしているので，それらの用途で遺伝的適性のあるイヌ個体の選抜が研究対象となっている．多くの動物で共通的に考慮すべき形質としては，強健性，抗病性，繁殖性などがある．これらはいずれも量的形質である．イヌやネコなどの愛玩性にかかわる選択形質としては，毛色を含む外部形態のほかに，体のサイズや性格などがあげられる．体のサイズや性格などは遺伝的な部分もあるが，生後の成長段階での影響も大きく受ける．このうち性格については遺伝的に把握することがむずかしい．

　イエネコはかつてネズミなどの狩猟能力が大きな期待形質であったが，現在はほとんど愛玩目的だけで飼育されている．そして，これまで顔形，体型，毛色などの外部形態で選抜育種され，多くの純血種が作出されてきた．近年はこれに加えて性格に関心が向けられている．なお，イエネコのサイズは品種差が非常に小さいので，あまり選択条件とはなっていない．性格には品種による差が存在しており，また同一品種内でも個体差はある．しかし，生後2-7週の社会化期におけるヒトとの接触などの環境的な要因も大きく，性格に影響する遺伝的背景を把握するのはむずかしい．そこで，性格を判断する基準の1つとして毛色と性格との関係性を利用することが可能と考えられる．この関係性については，色素形成の感覚器官の機能への影響，あるいは行動制御のメカニズムへの影響，および毛色と神経機能に関連する遺伝子の連鎖などが考えられるが，定かではない．

　表2-5と表2-6に東京農業大学が日本のネコ集団で毛色と性格との関係をみた調査結果を示した（小林，2010）．毛色の呼称は日本ネコで一般的に用いられているものであるが，サビとは茶色と黒色の2色の毛色のものを指す．性格項目は17項目について，飼いネコの性格としてあてはまるかどうかの程度を5段

表2-5 ネコの性格に関する17項目における毛色ごとの平均得点（小林，2010より改変）．

性格項目	茶トラ	茶トラ白	キジトラ	キジトラ白	ミケ	サビ	黒	黒白	白
おとなしい	3.6	2.7	2.6	2.8	2.9	2.8	2.7	2.9	2.8
おっとり	3.6	3.1	2.8	3.0	2.8	2.8	2.9	3.0	2.8
温厚	3.3	3.0	2.6	2.8	2.6	2.5	2.5	2.6	2.4
甘えん坊	3.3	3.4	3.1	3.4	3.1	2.8	3.2	3.4	2.9
人なつっこい	2.8	2.8	3.0	3.2	2.6	2.3	2.9	3.0	2.7
従順	2.8	2.5	2.4	2.6	2.3	1.9	2.4	2.6	2.4
賢い	2.7	3.0	3.1	3.0	3.1	2.9	2.7	2.5	3.0
社交的	2.4	2.4	2.4	2.8	2.3	1.9	2.2	2.3	2.2
好奇心旺盛	2.8	2.9	3.1	3.2	2.9	2.8	3.1	3.1	2.6
活発	2.3	2.5	2.9	3.2	2.8	2.6	2.9	3.1	2.4
気が強い	1.9	2.5	2.8	2.6	2.7	3.1	2.5	2.5	2.7
わがまま	2.1	2.1	2.7	2.4	2.6	3.0	2.5	2.2	2.5
攻撃的	1.4	1.8	2.1	1.9	2.1	2.6	2.2	2.1	2.5
警戒心が強い	2.4	2.9	2.7	2.6	2.7	3.1	2.7	2.8	2.4
神経質	2.1	2.1	2.4	2.4	2.5	2.8	2.5	2.5	2.1
臆病	2.4	2.8	2.7	2.4	2.3	3.0	2.5	2.9	2.3
食いしん坊	3.0	2.6	3.1	2.9	2.7	2.3	2.8	3.2	2.8

注）各項目において得点（最大値5点）の高いほうがその性格を有している．

表2-6 ネコの性格に関する5分類の特性における毛色ごとの平均得点（小林，2010より改変）．

性格特性	茶トラ	茶トラ白	キジトラ	キジトラ白	ミケ	サビ	黒	黒白	白
温厚性	3.5	2.9	2.7	2.9	2.8	2.7	2.7	2.8	2.7
人への友好性	3.0	3.0	2.9	3.1	2.7	2.3	2.8	3.0	2.7
外向性	2.5	2.6	2.8	3.1	2.6	2.4	2.7	2.8	2.4
反抗性	1.8	2.1	2.5	2.3	2.5	2.9	2.4	2.3	2.5
警戒性	2.3	2.6	2.6	2.5	2.5	3.0	2.6	2.7	2.3

注）各特性において得点（最大値5点）の高いほうがその特性を有している．

階で評価してもらい，その平均値が示されている．高い評点があると，その毛色はその性格にあてはまるといえる．表2-6は性格項目を類似のものいくつかで特性としてまとめたものである．茶トラ白がおっとりとした性格，キジトラ白が甘えん坊な性格という点は，これまでの通説（鈴木，2008）とよく一致している．これらの毛色のネコは一般的に社交性，人なつっこさが高く，温厚であるといえる．一方，ミケは賢い傾向にあるが，とらえにくい性格といえる．

これらの結果から性格の確実な判断基準として毛色を使えるとはいえないが，飼い主がそのネコの性格を推定するのに参考になるものと思われる．なお，海外のネコの調査では茶色の雄ネコが攻撃的性格を持つという報告もあり（Pontier et al., 1995），表2-5と表2-6に示された結果は日本ネコに特徴的な関係性とも

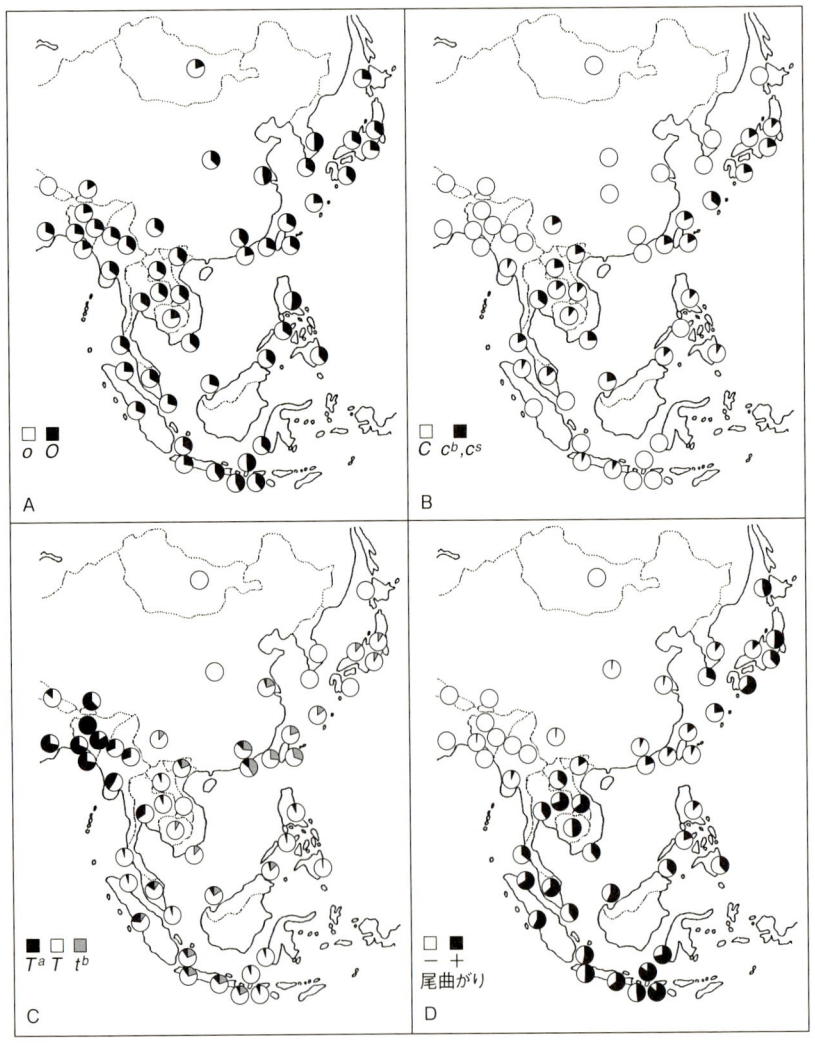

図2-8 東・東南アジア各地の野良ネコ集団における多型分布（野澤，2004より改変）．

考えられる．

(5) ネコ集団の遺伝的類縁関係

　ネコ集団間の遺伝的関係の研究は，野澤 (1995, 2004) によって精力的に進められた．図 2-8 は，東・東南アジア各地の野良ネコ集団の毛色や尾の形の変異をもとにした多型の分布を示している．図 2-8A は毛色の O 遺伝子座の対立遺伝子の頻度を示しており，東アジアにおける O (オレンジ) 遺伝子の頻度は西ヨーロッパ (36% 以下) に比べて高く，50% 以上に達している地域集団もみられる．この突然変異遺伝子は紀元 10 世紀ごろの中国絵画にも登場しており，おそらく中国起源でその後ヨーロッパに伝わったと考えられている．

　図 2-8B は C 遺伝子座の対立遺伝子の頻度分布を示しており，カラー・ポイントを発現する c^s 遺伝子はタイを中心にして東南アジアの周辺地域に向けて連続的な頻度の減少がみられる．日本で約 20% というかなりの高い頻度を示し

図 2-9　世界の諸都市におけるネコの T 遺伝子座の対立遺伝子頻度 (野澤，2004 より改変)．

ているのは，西ヨーロッパで作出されたシャムネコ品種からの遺伝子流入によるものと考えられる．

　図2-8CはT遺伝子座（タビー座位）の対立遺伝子の頻度分布を示しているが，t^b遺伝子は西ヨーロッパでは高頻度にみられ，イングランドの諸都市では80％に達している（図2-9）．しかし，アジア地域でこの遺伝子がみられるのは東南アジア，中国の開港都市周辺や日本で，中国大陸内部ではまれである．これは西ヨーロッパ由来のネコからの遺伝子流入の影響と考えられる．T^a遺伝子の表現型はアビシニアン種にみられるものであるが，この突然変異遺伝子の頻度が高いのはエチオピアでなくインド東部のベンガル地方で，東南アジア一帯にこの遺伝子の浸透がみられる．この遺伝子の分布域がジャングル・キャットの自然分布域と重なっており，イエネコへのジャングル・キャットの関与が推定される．

　図2-8Dは尾曲がり形質（キンキーティル）の表現型頻度の分布を示している．この尾椎骨異常を表すポリジーンは，タイやインドネシアなど東南アジア一帯の野良ネコ集団には高頻度でみられ，インド以西から西ヨーロッパ，アメリカ大陸に至るネコ集団にはほとんどみられない．北方に向かっても出現頻度は漸次低下しているが，日本本土でまた頻度の上昇がみられる．これはこの奇形形質に対する正の人為的選抜の結果と思われる．そのほか，ネコの多くの血液タンパク質遺伝子座位の遺伝子頻度を指標としてネコ集団の遺伝的な関係を調査した結果も報告されている（Nozawa *et al.*, 1985）．

3. 家庭動物としてのイエネコ
――飼育の基礎

3.1 イエネコの繁殖

　家庭動物として飼育されているイエネコは，通常繁殖されることは少ないが，もし屋外に出る機会のある雌ネコの場合は，飼い主が望まない子を出産することも起こりうる．そこで，室内だけで飼育するか，屋外にも出す場合は不妊手術を施すことが必要となる．室内だけで飼育する場合も発情時の行動などを考えると，不妊手術が望ましい．雄ネコの場合も基本的には同じであるので，去勢手術をしておいたほうがよい．そのためにも，一般の飼い主がイエネコの繁殖についての基礎知識を持つことが必要である．

(1) ネコの生殖器官

　生殖器官には卵子あるいは精子をつくる器官と，卵子や精子の通路となる器官と交尾器，雄では精子の生存に役立つ物質を分泌する器官が含まれる．雌ネコの生殖器官は，まず卵巣が腹腔の左右にあり，腎臓の後壁と卵巣間膜とにつながれている．卵巣 (長さ 2 cm) は広く開いた卵管采に囲まれている．卵管采の先は輸卵管，そして両側に分かれた子宮角 (長さ 9–10 cm，径 3–4 mm) が合流して子宮頸，子宮体，その先は膣に至る (図 3-1)．ネコの子宮は，ブタ，イヌなどと同じ両分子宮 (分裂子宮) に分類される．雄ネコの生殖器官は，まず精巣 (14 mm×8 mm) が肛門に近接して腹側にある陰嚢に包まれている (図 3-2)．3–5 カ月齢ごろになると精巣と精巣上体は大きさ，重量ともに著しく増加する．精巣内には精細管が現れ，そこで精子がつくられる．精子が体外に放出されるときに分泌される多くの物質を含んだ液状物は，副生殖腺でつくられる．副生殖腺には前立腺と尿道球腺が含まれる．

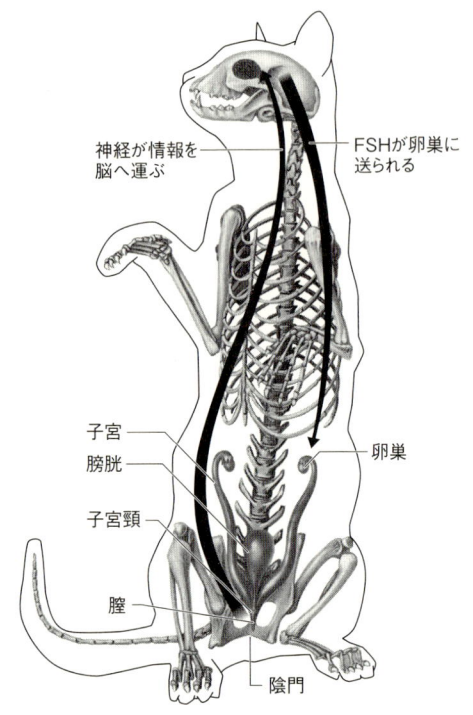

図 3-1 雌ネコの生殖器官の解剖模式図（Fogle, 2001 より改変）.

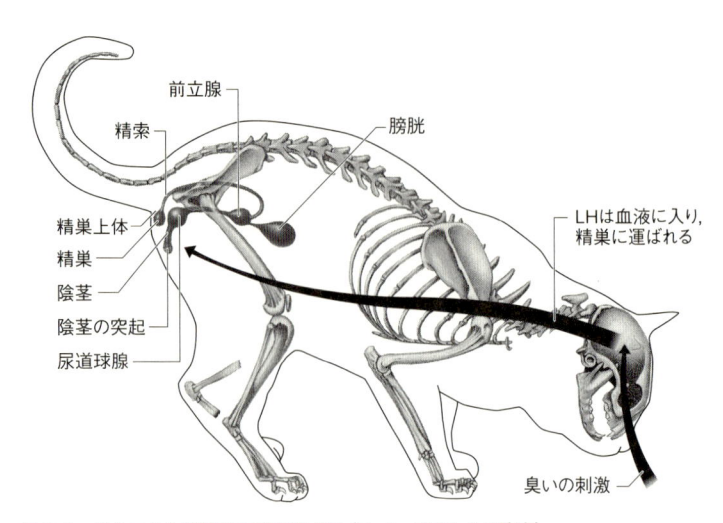

図 3-2 雄ネコの生殖器官の解剖模式図（Fogle, 2001 より改変）.

(2) ネコの繁殖生理

　雌ネコは季節繁殖動物で，自然光で飼育すると国内では1-8月が繁殖季節で，とくに1-3月と5-6月に発情が多くみられる．しかし，一般の家庭で飼育されているネコでは，夜間の照明のため繁殖季節が明瞭でなく，周年繁殖性を示す．雄ネコは雌と異なり1年中繁殖が可能であるが，造精機能が季節的に影響を受けるかどうかは不明である．ネコの性成熟に達する月齢は，品種や出生の季節によって異なり，一般に雌ネコの性成熟は6-10カ月齢で，体重が2.5 kgになったときと考えられる．しかし，早いものでは4カ月齢で発情を示すものがある．短毛種は長毛種に比較して性成熟が早い．雄ネコの性成熟は雌に比較して遅く，精巣内に精子が認められるのは6-7カ月齢である．ネコの繁殖供用開始は，雌では性成熟に達する7-12カ月齢以降で，雄では9カ月齢，体重約3.5 kgで供用が可能である．

　ネコは交尾排卵動物で，発情中に交尾がなければ卵胞は排卵せずに存続し，やがて閉鎖退行し，発情(卵胞期)は終了する．次いで新たな卵胞が発育し，再び卵胞期に入り発情が回帰する．発情周期は不規則で，多くの場合，3-4週の間隔で2-3回繰り返し，1-2カ月の間をおいて再び発情を繰り返す．雄に対する交尾許容の期間(発情期)は7-14日であるが，短いものは数日，長いものは20日以上にもおよぶ．交尾が行われると1.5日後に排卵が起こり，交尾後3-4日で発情は終了する．ネコは交尾刺激がないと不完全発情周期が繰り返される多発情型を示す．ネコの排卵数は2-11個で平均5.6個である(Christiansen, 1984)．ネコでは不妊交尾後に形成された黄体は，妊娠期のものに比較してプロジェステロン分泌能は低く，およそ35日後には低値となる(図3-3)．この不妊交尾後の黄体期を偽妊娠という．ネコの発情は，加齢とともに徴候が弱くなり，回数も減少していく傾向にある．分娩後の発情は，離乳後1週間で認められるが，授乳しなかった場合は分娩後1週間くらいで認められる．

(3) ネコの求愛と交尾

　ネコの性行動は騒がしく，相手を選ばず精力的である．ネコは独自のなわばりを持つ単独のハンターとして進化してきたため，雌が発情期に入っても，近くに雄が1匹もいないという状況が想定される．雌は交尾のチャンスを十分に

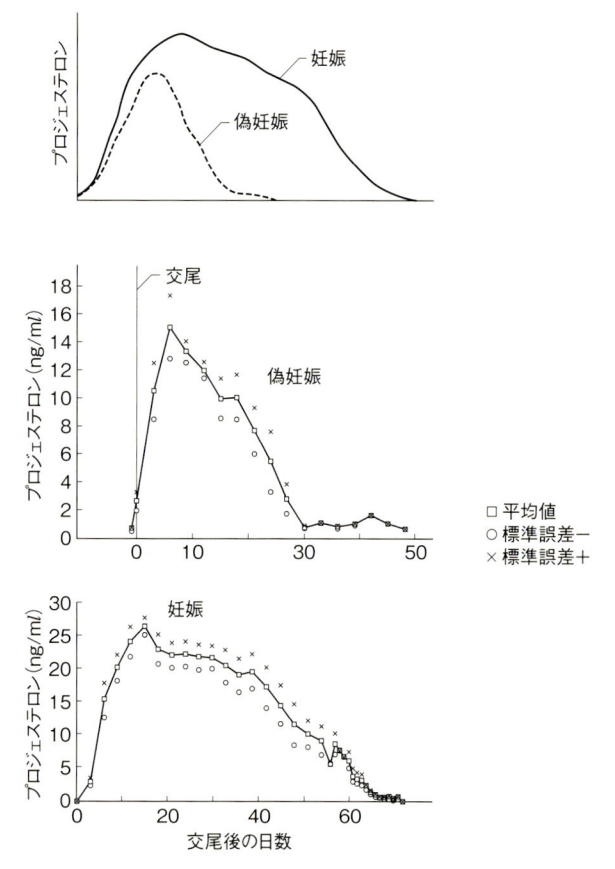

図3-3 雌ネコの妊娠および非妊娠にともなうプロジェステロン値の変動（森ほか，2001より改変）．

利用しなければならないため，ほかの哺乳類のように選り好みはしない．ネコの発情中の性行動には多くの特徴がある．奇声に似た鳴き声を発しながら，頭頸部を身近なものにこすりつけ，かがんで腰を低くして足踏みをする．そして，尾を左右どちらかによけて交尾を促す姿勢をとり，床あるいは地面を転げ回る．発情徴候は一般に長毛種に比較して短毛種で明瞭である．雄ネコに知らせるためスプレーすることもある．この雌ネコの激しい行動は，交尾後にしか排卵しないので，雄を確実にキャッチし卵子のむだづかいをしない必要があるためである．一方，去勢されていない雄は，定期的に自分のなわばりを巡回し，尿を

かけ，その地域の雌の発情の呼びかけに応える．

　交尾の過程は，まず雌が雄に臭いを嗅がせ，雄は繰り返し嗅いで，鋤鼻器に臭いを送り込む．交尾自体は短く緊迫しており，雌は準備ができると，尻を上げてかがむ姿勢（前湾姿勢）をとり，雄を受け入れる．雄はマウントすると，雌を自分のコントロール下におくために，雌の首筋をくわえる．そして，雄は瞬時のうちに射精する．ネコは1日に10–20回交尾を行い，数日間続くこともある．最初の相手となった雄は疲れてしまうので，その後別の雄が交尾を行うことになる．この複数相手の交尾が，ホルモンの分泌を刺激し卵子の放出を誘発する．多くのネコにとって，交尾はほかのネコと身体的接触を持つ唯一の機会である．交尾の後，雄が親の役目を果たすことはない．

(4) ネコの妊娠と分娩

　ネコの妊娠期間は63–65日である．イヌと同様に腹壁からの触診が可能であり，腹壁が薄いのでイヌより妊娠診断が容易である．この検査の最適時期は20–30日である．ドップラー法による超音波診断で30日から，また断層法では19日から診断が可能である．X線検査では，胎嚢の確認により17日から診断が可能になり，21日までにほとんどの個体で可能となる．骨格は40日以降に観察可能となる．雌ネコは，野外では発情期に複数の雄と交尾することが多く，1回の発情で父親の異なる子を妊娠する可能性がある．

　分娩に際しては，開口期の産出前3–4時間は母親は落ち着きがなくなり，足踏みをしたり鳴き声をあげたりする．破水の後，第1子の産出は数分間の陣痛を3–4回繰り返した直後に起こるが，30–60分間要することもある．産出時に高い悲鳴をあげ，母ネコは臍帯を咬み切り新生子を強くなめる．産出期は通常2–6時間以内に終了する．胎盤はしばしば新生子の産出後すぐに排出され，多くのネコは胎盤を排出後すぐに食べる．1腹の産子数は4–6匹（まれに9匹）で，年に2–3回出産することができる．生時体重は約100 gである．

3.2　イエネコの栄養

　現在家庭で飼育されるイエネコの餌の給与は，ペットフードを与える場合が多く，市販のものを適切に選択すれば栄養的にほぼ問題がない場合が多い．し

かし，飼い主はイエネコの栄養的特性についての基礎知識を十分に把握して，栄養管理を行う必要がある．

(1) ネコの消化器官

消化器官は，食物を運び消化液と混和し消化吸収を行う消化管と，消化酵素などにより化学的に分解する消化液を分泌する消化腺からなっている．消化管は口腔，食道，胃，小腸（十二指腸，空腸，回腸），大腸（盲腸，結腸，直腸）に分けられる．消化腺には唾液腺，胃，膵臓，肝臓，腸があり，それぞれ消化液として，唾液，胃液，膵液，胆汁，腸液を分泌している．ネコは単胃を有する肉食動物であり，草食動物の消化器官とは形態的にも機能的にも異なっている．肉食動物は一般に自ら分泌する消化酵素による化学的消化が発達しており，微生物による消化は草食動物ほど行われない．摂取した食物の多くは消化管運動の助けを借りながら，消化液によっておもに小腸内で消化される．そのため，ネコなどの肉食動物の消化器官は，草食動物にみられるような臼歯の発達や消化管の表面積を広くする必要がないため，胃，腸，とくに盲腸や結腸の発達は顕著でない．胃は単胃であるので，草食動物と比べ腹腔内に占める割合が少なく，盲腸も短く，結腸も単純な走行性を示している．

栄養素が吸収された後の老廃物は，大腸すなわち結腸に入り，そこで良性の細菌によって分解される．水分は結腸壁から吸収され，粘液が分泌されて乾燥した老廃物を滑らかにする．老廃物が直腸にたまると，神経が排泄のシグナルを送る．血液は肝臓から出た老廃物を腎臓に送り，老廃物は腎臓の尿細管で濾過され，尿中へ分泌される．図3-4にネコの消化器官を示した．

(2) ネコの食性と嗜好性

ネコ科動物はほとんどすべてが厳格な肉食動物である．イエネコは家畜化に際して，穀類を食い荒らし伝染病を伝播するネズミを捕ることだけが期待されたので，雑食化はしなかった．ネコの腸管長と体長の比は4：1で，雑食性のイヌの6：1より小さい．これはネコでは植物食の摂取が少ないことを示している．ネコが肉食性である最大の理由は，炭水化物の消化や糖の代謝能力が十分に発達しておらず，すべてのライフステージにおいて炭水化物を摂取する必要がないためである．ライオン以外のネコ科動物は単独捕食者で，小型のネコ

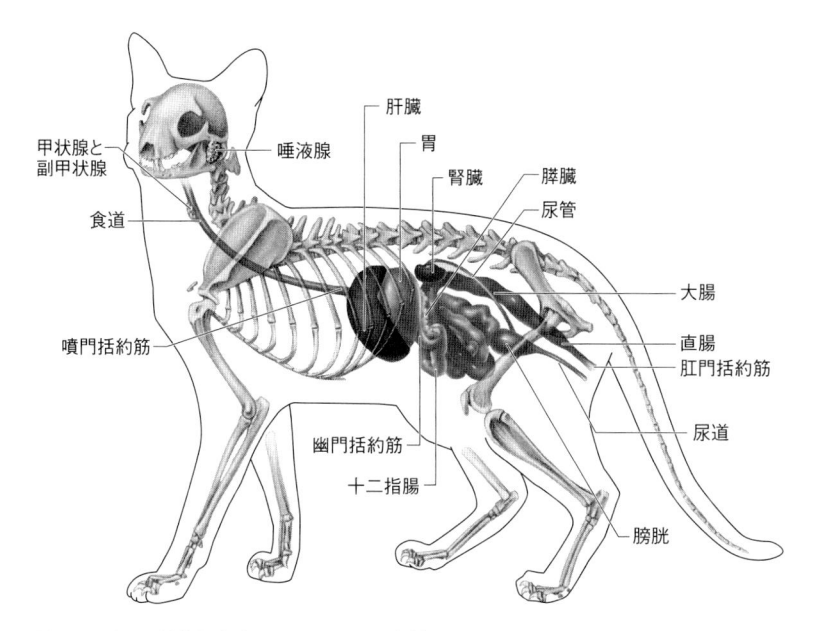

図3-4 ネコの消化器官（Fogle, 2001 より改変）．

の場合は小さな獲物しか捕まえられない．体重 4 kg の成ネコの ME 要求量（320 kcal / 日）を満たすためには，1 日に 10–11 匹のネズミ類を捕食する必要がある．そのことからもネコには明確な採食パターンがなく，昼夜を問わず少しずつ何回にも分けて餌を食べる習性がある．ドライまたは缶詰タイプのキャットフードを不断給餌すると 1 日 13–15 回に分けて食べる．

　ネコの食べ物に対する嗜好性は，味については苦味を嫌う一方，甘味は感受しない．ネコはショ糖の味を感受する味蕾が欠如しており，甘味はわからないが，甘いアミノ酸は感じる．酸味を感受する味蕾は認められ，リン酸やカルボキシル基を持つ有機酸（カルボン酸）に対して反応するが，中鎖カルボン酸に対しては拒絶反応が強い．塩味に対してはほかの食肉目の動物同様に感受性が弱い．

　ネコは核酸塩基のアデニンや屠殺後の肉に蓄積するヌクレオチドを拒否するが，これはネコが腐肉を嫌う理由の 1 つとされている．ネコは 40–80％ の高タンパク食でも喜んで食べるが，ネズミなどの体成分は水分を除くと 50–60％ が

タンパク質，35-40% が脂肪である．タンパク質の種類にも好みがみられ，また肉より魚を好むとされるが必ずしもそうではない．

臭いについては，臭い成分の多くが脂溶性で脂肪との関連が深いため，脂肪は食餌の嗜好性に強く影響する．ネコは牛脂や豚脂などの動物性脂肪を好み，ココナツ油のように中鎖脂肪酸の多い植物油は嫌う．ネコではとくに高脂肪食に対する嗜好性が高いが，食餌の脂肪含量が 50% 以上になると拒否する．しかし，歯ざわりと舌ざわり（テクスチャー）が適当であれば，脂肪含量の影響は比較的小さい．食餌の水分含量もテクスチャーに影響し，脂肪含量 10% でも粉状の食餌を好まないが，脂肪 0% でも練り餌にすると食べる．ネコは脂肪含量 10% 程度で水分 60-70% 程度の食餌，すなわちネズミの体組成に近いものを好むといえる．

また，ネコは小動物を捕まえその場で食べる新鮮肉食者であるので，冷たいものより 40℃ 前後の暖かいものを好む．不消化の非栄養物を食べるのは異常で異嗜と呼ばれ，微量栄養素の不足やストレスが原因と考えられる．

ネコは食に関しては頑固で，空腹であっても嫌いなものは一切食べないという一面を持っている．離乳前後に口にする食べ物の味がその後の嗜好を決定づけるといわれており，多様な食べ物を口にすると嗜好の幅が広がる．なお，一般に野良ネコの嗜好は幅が広い．また，ネコは食に関して気まぐれで，それまで喜んで食べていたものをある日突然食べなくなることがある．安定した環境では慣れた食餌より新規な食餌を好む傾向があるが，ストレスの多い環境では慣れたものしか食べないという観察結果もある（阿部，2003）．

(3) ネコの食餌の摂取量と養分要求量

食餌の摂取量に影響する内部要因としては，間脳の視床下部およびその周辺に存在する摂食量調節の中枢の影響を受ける．摂食量調節システムはエネルギー出納の不均衡を是正するため摂食量を制御する．このシステムでは多種多様な信号（フィードバック因子）が機能しており，血中や脳脊髄液中に存在する種々の中枢刺激物質に加え，体脂肪量や胃・腸の膨満度など物理的要因が因子となる．フィードバック因子となりうる中枢刺激物質としては，食欲を増進するインスリンや摂食量を抑制するグルカゴン，コレシストキニンなどがある．外部要因としては，食餌の嗜好性，環境，生活スタイルなどや心理状態も摂食量に

影響する．

　ネコもおいしい食餌はたくさん食べる．高脂肪食は一般に嗜好性が高いが，高エネルギーであり肥満になりやすい．動物はエネルギー摂取量を一定に保とうとするので，高エネルギー食では摂取量が少なくなる．食餌の給与回数が増えるほど摂食量は増加するが，摂食にともなう熱生産も増加するので体脂肪はあまり増加しない．1日の給与量が一定の場合，食事回数が少ないほど肥満しやすい．飲水量は気温や運動のほか，食餌の水分含量にも影響される．ネズミを捕食しているか，缶詰フードだけを食べているネコは，気温が低い場合，ほとんど水を飲まない．ネコは腎機能が発達しており，尿細管から効率よく水を再吸収して尿を濃縮し，尿中への水分排泄を最小限に抑えることができる．

　ネコの食餌中のエネルギー源として，まず脂肪はネコの嗜好性が高いことからも NRC (National Research Council, 1986) の養分要求量（表3-1）では，キャットフードの基準 ME 含量を 5.0 kcal/g と高く設定し，間接的に脂肪の重要性を示している．また，ネコはタンパク質をエネルギー源として利用しており，イヌよりも要求量が高い．一方，炭水化物については，肉食動物のネコは糖の消化や代謝能力が十分でないので，エネルギー源として炭水化物（デンプン）をあまり利用しない．必須脂肪酸の要求量については，給与標準としてリノール酸 0.5％，アラキドン酸 0.02％ と定められている．多価不飽和脂肪酸の必須脂肪酸が過剰になると，ビタミン E の不足を招くことがある．

　タンパク質の要求量については，NRC は食餌乾物中 24％ のタンパク質と 6.85％ の必須アミノ酸（シスチン，チロシンを含み，タウリンを除く）が必要と規定している．ネコはアミノ酸をエネルギー源として利用するため，その結果，タンパク質の要求量が高くなる．ネコでもっとも不足しやすい必須アミノ酸はアルギニンで，不足すると高アンモニア血症になる．ネコではタウリンの合成能力が低く必須アミノ酸となるので，植物性原料の多いキャットフードではタウリンの添加が必要である．一方，過剰の摂取が有害であるメチオニン含量には上限が設けられている．

　ミネラルとビタミンの要求量については，ネコはイヌよりもミネラルの要求量が高い．ビタミン要求量もパントテン酸以外はネコの要求量がイヌより多い．ビタミン A は，ネコがカロチンをビタミン A に転換できないので，直接摂取する必要がある．

表 3-1　成長中のネコの養分要求量（NRC, 1986 年版より改変）.

養　分	単位（乾物中）	要求量
基準 ME 含量	kcal/g	5.00
タンパク質	%	24.00
アミノ酸		
アルギニン	%	1.00
ヒスチジン	%	0.30
イソロイシン	%	0.50
ロイシン	%	1.20
リジン	%	0.80
メチオニン＋シスチン	%	0.75
メチオニン	%	0.40
フェニルアラニン＋チロシン	%	0.85
フェニルアラニン	%	0.40
スレオニン	%	0.70
トリプトファン	%	0.15
バリン	%	0.60
タウリン（発泡加工）	%	0.04
脂肪酸		
リノール酸	%	0.50
アラキドン酸	%	0.02
ミネラル		
カルシウム	%	0.80
リン	%	0.60
カリウム	%	0.40
ナトリウム	%	0.05
塩素	%	0.19
マグネシウム	%	0.04
鉄	mg/kg	80.00
銅	mg/kg	5.00
マンガン	mg/kg	5.00
亜鉛	mg/kg	50.00
ヨウ素	mg/kg	0.35
セレン	mg/kg	0.10
ビタミン		
ビタミン A	IU/kg	3333
ビタミン D	IU/kg	500
ビタミン E	IU/kg	30
ビタミン K	mg/kg	0.10
ビタミン B_1	mg/kg	5.00
ビタミン B_2	mg/kg	4.00
パントテン酸	mg/kg	5.00
ナイアシン	mg/kg	40.00
ビタミン B_6	mg/kg	4.00
ビオチン	mg/kg	0.07
葉酸	mg/kg	0.80
ビタミン B_{12}	mg/kg	0.02
コリン	mg/kg	2400

(4) **キャットフード**

　キャットフードの流通量は年々増加しており，2011年度の統計（ペットフード協会）ではその中でドライフードが60%以上を占めている．また，国産キャットフードは87%がドライフードで，ウェットフードは13%である．輸入品と国産品の比率では，輸入に比べ国産が伸びているが，輸入品のほうが60%強と多い．ドライフードは国産品と輸入品がほぼ等しい状況であるが，ウェットフードでは輸入品が圧倒的に多い．輸入品の多くはマグロを主要原料とした缶詰で，おもな輸入先はタイである．近年使用済みの缶を廃棄する面倒さから，レトルトパウチがしだいに伸びてきている．

　キャットフードの種類はいくつかの分類方法があり，もっとも一般的なものが成長段階による分類で，哺乳期用，離乳期用，幼猫期用（成長期用），成猫期用および老猫期用に分けられる．哺乳期用は，母乳を補う代用乳で哺乳期間の生後30-40日齢ごろまで与える．離乳期用（離乳食）は，生後30-40日齢から50-60日齢まで与え，その後成猫期に至るまでの約6カ月から10カ月間幼猫期用フードを与える．成猫期用は，生後9カ月齢から12カ月齢以降に与えるフードで，ネコは嗜好にうるさく飽きやすいという特徴があるので，バラエティーに富んだものが必要とされる．老猫期用は，6-10歳ごろから給与する必要性が生じるフードで，内臓機能の低下などに配慮したものや，通常の食事がとれないネコ用の栄養補強食もつくられている．また高齢期用フードは栄養面だけでなく，物性面の配慮も重要となる．

　形態による分類では，ドライタイプ，ウェットタイプおよびセミモイストタイプなどに分けられる．ドライタイプは，水分含量が10%程度以下のもので，粉状，顆粒状，被膜状，発泡状，クランブル状，ビスケット状などのものがある．ウェットタイプは，75%前後と水分含量の高いもので，品質保持のため缶詰かレトルトパウチの状態で殺菌処理をしてある．開封後の品質保持がむずかしく，早めに消費する必要があり，ネコがとくに好む魚肉を原料としたものでは開封後の酸化も早い．セミモイスト（半湿潤）タイプは，水分約30%程度のものをいい，ペレット状や角切り状のものがある．品質保持のため防腐剤などが使用されている．

　ペットフードについては，製品に正しく詳細な内容表示がされていることと，

品質保持とネコの健康維持のための安全性に対して十分な対策がなされていることが重要である．1つは酸化と安全性の問題で，缶詰の魚肉に含まれる油の酸化が早いことが，嗜好性の低下と下痢の原因にもなる．また，ドライフードでは嗜好性を上げる目的で，魚肉，エネルギー源として油脂が使用されている．これら酸化しやすい原料の安定化のために酸化防止剤が使用されている．酸化防止剤を使用した場合，空気より光線による酸化のほうが早いので，光を通さない包装容器であることが望ましい．

そのほか保存，添加物，包装材料と安全性の問題がある．保存については，生産から消費まで数カ月以上におよぶこともあるので，保存性の確保は重要である．通常，常温で品質が保たれるように工夫されているが，水分が12%を超えるとカビが発生するおそれがある．水分含量の多いフードでは，保存性を保持するために防腐効果のある物質が使用されている．添加物については，ペットフードを製造する場合には承認されている食品添加物や飼料添加物しか使用できないことになっている．包装材料については，品質保持のために気密性のある材質であると同時に，内容物が直接光線にさらされることのない材質であることが必要である．缶詰フードは人用に比べ使用頻度が高いので，開缶時に怪我をしない工夫も必要である．ペットフードの安全性については，アメリカでメラミンの混入したフードで多くのネコが死亡する2007年の事故の発生を受け，2008年に「愛がん動物用飼料の安全性の確保に関する法律」が公布された．海外では家畜飼料の中でペットフードの規制を行っているが，日本ではペットフード専用の法律が施行されている．

最後にイヌやネコなどのペットにとって与えてはならない危険な食品を知っておく必要がある．タマネギ・長ネギ・ニンニク，キシリトール（人工甘味料），チョコレート，ブドウなどが代表的なもので，ネコではとくに有毒なアリルプロピルジサルファイドを含むタマネギに注意する必要がある．イヌは甘味を好むのでチョコレートなどの嗜好性がよく，留意する必要があるが，ネコは甘味をとくに感知しないのであまり問題にはならない．

3.3 イエネコの生理

　獣医師でない一般の飼い主も，自分の飼いネコの健康についてつねに注意を払っている必要がある．とくに体重や外見，体温，呼吸数などのチェックから，嘔吐や下痢症状の観察などが基本となる．そして，ネコの神経系統，ホルモン系統，免疫系などの重要な生理的特性について基礎知識を持っていることは，よりよい飼育管理につながる．日常観察の中から問題を発見したときには，すぐに近くの獣医師に相談することが疾病などの早期発見に結びつくことになる．

(1) 健康状態のチェック

　飼いネコの正確な体重を把握することは必要ではあるが，一般家庭では見た目で痩せ過ぎあるいは太り過ぎなどのチェックができれば問題はない．なんらかの病気の前兆を察知できればよい．もちろん，餌の給与量や運動量なども体重の変動に関係する．動きが鈍くなったり，被毛に艶がなくなったり，行動に大きな変化が現れたりした場合は，疾病の外見上のサインであることも多いので獣医師に相談する．とくに高齢ネコでは動きや行動上の変化が現れやすい．ネコの体温は健康なネコでは通常 37.8–39°C であるので，その範囲を高温あるいは低温にかなり外れている場合は獣医師に相談する．神経が興奮したりすると一時的に体温の上昇がみられることもある．体温の測定は，ガラスの水銀体温計を肛門に挿入し，90秒ほど後に目盛りを読んで行う．デジタル式の直腸温度計または耳温度計を用いると測定が容易である．

　ネコの呼吸数は1分に約30回であるが，痛み，ショック，肺や心臓の障害によって速度が上昇する．ネコの胸の動きを15秒観察し，4倍して呼吸数を計算する．ネコの脈拍数は1分あたり120回が正常であるが，驚いたときには200回くらいまで増加する．子ネコの場合も200回くらいと多い．脈拍数は，発熱，痛み，心臓障害，ショックの初期段階で増加する．心臓の鼓動としての心拍数は，肘のすぐ後ろの位置で胸を両側からつかみ，心臓の動きが感じられるまで，静かに締めて測定することができる．また脈は，後脚と鼠径部の境目に指をあててとることもできる．15秒間脈を数えて4をかければ1分間の心拍数となる．

　ネコはさまざまな原因で嘔吐する．単純な嘔吐はあまり問題にはならないが，

嘔吐が続く場合は胃の障害などが原因と考えられ，問題は深刻である．急性の嘔吐でもっとも多いのは，毛玉や草など胃に入れるべきでないものを食べた後に，吐き戻すことがある．間欠的な嘔吐が続くと，食物アレルギー，代謝性疾患，潰瘍，腫瘍など深刻な病気が原因であることが多い．持続的な嘔吐では，単純な胃炎あるいは胃の閉塞によるものも考えられるので，獣医師への相談が必要である．吐血は胃や小腸の潰瘍，中毒，異物，腫瘍，あるいは重大な感染症の可能性があり，すぐに獣医師の診察が必要である．下痢は，通常消化器系が害されることにより起こる．原因としては，草を食べる，食物アレルギーまたは過敏症，食中毒，寄生虫，ウイルス，細菌，薬物，甲状腺機能亢進症などが考えられる．獣医師が，下痢の症状と便の分析によって原因を判断することになる．

(2) 神経系統

　神経系統は，密接につながっているホルモン系統と脳や脳下垂体を通じて連動しており，ネコの生来の機能を秒単位，日単位，季節単位で調整している．神経系統は複雑に込み入った回路構成で，すばやく，正確に，直接的に，体に生じた内外の出来事に反応する．知覚神経は脳にどう感じたかを知らせ，運動神経は脳から情報を持ち去り，対処方法を体に伝える．神経系統は，中枢神経と末梢神経の2つに分類される．中枢神経系統は脳と脊椎で構成され，体の中央司令室と神経の衝撃を伝える役割を果たしている．末梢神経系統は，温度，感触，圧力，痛みなどの情報を受け取り，筋肉に指示を与える．図3-5にネコの末梢神経系統を示した．神経系統の多くの機能は，意識的，すなわち随意的に制御されている．獲物をみたとき，随意的にその筋肉を制御するので，獲物に飛びかかることができる．知覚神経は脳へメッセージを送り，運動神経はメッセージを筋肉に戻して，正確に飛びかかるように刺激を与える．

　一方，随意的でない機能もあり，内臓に関連した機能がそれにあたり，脈拍や呼吸，多くの消化の過程を調整する．不随意の活動は自律神経系で制御されている．自律神経は，交感神経系と副交感神経系で構成され，前者は活動を刺激し，後者はそれを抑制する．ネコがくつろいでいるときは，副交感神経が無意識のうちに働いている．瞳孔は弛緩し，心拍数も呼吸も規則的でゆっくりしている．緊張すると交感神経が動き出し，副腎を働かせるために脳の視床下部

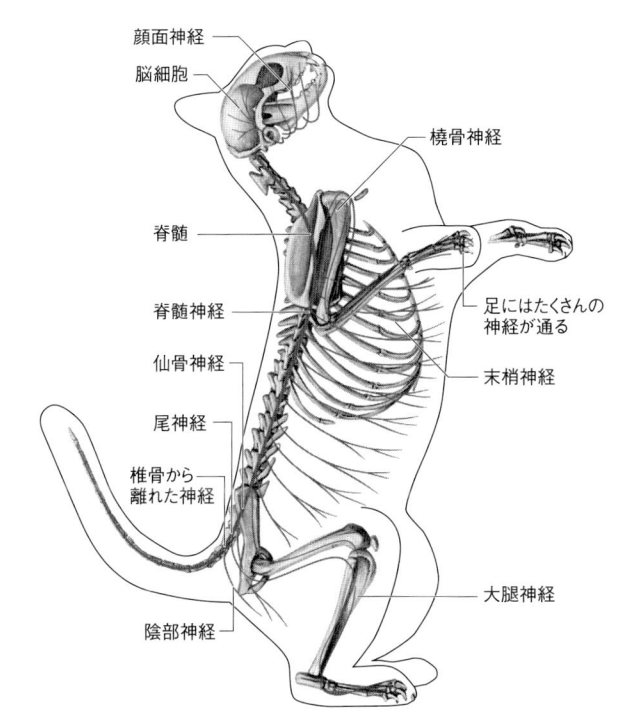

図3-5 ネコの末梢神経系統（Fogle, 2001より改変）．

と下垂体を刺激し，攻撃・逃避反応を起こす．そして，連鎖反応が瞬時に起こり，内臓からの血液が筋肉に流れ，わずかな皮下筋肉が体毛を逆立て，心拍数は高まり，瞳孔が広がる．脅威を感知したときも，このような自律神経系統の動きが引き起こされる．

　ネコは優れた進化を遂げたため，神経障害が起こるのはまれである．しかし，ウイルス感染症，毒物，寄生虫が原因で神経が冒されることはある．もっとも多い神経障害は，交通事故でネコが頭に傷を負い障害が残る場合である．そのほか，尾のないネコのマンクスには脊椎破裂という先天的な神経障害が多発する．

(3) ホルモン系統と脳

　感覚器官とホルモンを生成する腺は，脳へ情報を伝達する．脳はその化学記号を読み解き，神経系統を通じて反応の仕方を体に伝える．さらに脳は，脳の基底にあるホルモン系統を司る脳下垂体にも指示を送る．脳からの情報に刺激

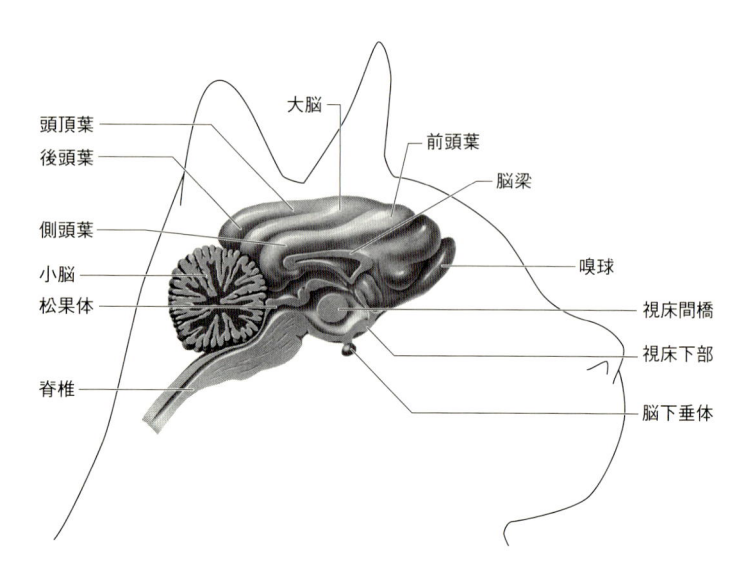

図 3-6　ネコの脳の解剖図（Fogle, 2001 より改変）．

された脳下垂体は，代謝や生殖行動を制御するホルモンを放出する．体の機能の管理と維持，行動を統制するホルモンは，直接的，間接的に，すべて脳の制御下にある．脳は脳下垂体を司る視床下部に化学的メッセージを送り，脳下垂体がほかの部位を刺激するホルモンを分泌する．図 3-6 にネコの脳の解剖図を示した．

　脳で生成されるホルモンは，ネコの日常生活の機能のほとんどを制御する．視床下部は，尿を濃縮する抗利尿ホルモン（ADH）と，雌ネコの分娩を刺激したり乳汁を分泌させるオキシトシンを生成する．そのほか，成長ホルモン放出ホルモン（GHRH）と成長ホルモン抑制ホルモン（GHIH）も生成され，これらはネコの脳における成長ホルモン（GH）の分泌を調節する．また，甲状腺刺激ホルモン（TSH）は代謝率を制御する甲状腺の働きを促す．副腎皮質ホルモン（ACTH）は副腎を刺激し，緊張や危険に応じてコルチゾールを分泌させる．卵子，精子の生成を制御する性ホルモンは，雌の場合は卵胞刺激ホルモン（FSH），雄の場合は黄体形成ホルモン（LH）が担っている．最近，メラトニンという睡眠サイクルと関連し，体内時計の制御により日周期リズムを維持している物質の存在が明らかになっている（森ほか，2001）．また，下垂体がメラニン細胞刺

激ホルモン（MSH）を生成し，松果体でのメラトニンの合成を刺激していることが明らかになっている．

　腎臓の隣にある副腎の皮質（副腎皮質）は，コルチゾールやほかのホルモンを生成し，代謝率の制御を助け，怪我への体の反応を司っている．副腎髄質は，アドレナリンとノルアドレナリンを生成し，これらのホルモンは心拍数と血管の拡張を制御している．副腎は生体自己制御に欠かせない器官で，攻撃・逃避反応を制御し，ネコの行動にもっとも直接的な影響を与えている．

　脳は数十億のニューロンという特殊化した細胞からできており，各ニューロンは1万個にもおよぶ回路でたがいに結ばれている．ニューロンはたがいに神経伝達物質という化学物質を介して交信している．ネコの生後7週間までは，情報は脳内を時速約386 kmの速度で伝達される．ネコではこの生後7週間の発達段階の学習により，技術がもっとも速く身につくと考えられている．脳が格納できる情報量は遺伝的に決められており，格納された情報の一部は生まれ持った本能である．すなわち，生殖行動，なわばりのマーキング，攻撃，子ネコ時代に形成される愛着心などを制御している．ネコではほかの哺乳類と同じ構造の脳を有しており，小脳は筋肉の運動を制御し，大脳は学習，感情，行動を司り，脳幹は神経系統に結合している．細胞のネットワークである大脳辺縁系は，本能と学習を調整しているので，本能的な欲望と学習による行動との葛藤がここで起きている．

　性格形成や行動特性には学習も影響を与え，マーキングの本能，なわばりを守る本能，食物をとる本能は生まれつき持っているが，その方法は学ぶ必要がある．生後7週目以前から家庭で育てられると，ネコの生体自己制御は変化する．ヒトが安全な存在であることを学び，その知識が脳に浸透してヒトに対するホルモン反応も変化する．ネコには学習能力がないようにいわれるが，単独生活者のネコは社会的学習に対して反応が乏しいといえる．ネコはほめてもしたがわないが，食べ物をもらえる場合はヒトの要求に応じる．また，1日の3分の2から4分の3は寝ているといわれるネコの睡眠もホルモンによって制御されており，ネコもヒトと同じように夢をみることがわかっている．

（4）免疫系

　脊椎動物はすべて免疫系を備え，微生物や寄生虫の感染や生体内に生じた異

常産物から生体を守っている．免疫系の応答は，基本的に非自己成分に対して起こり，自己成分に対しては原則として起こらない．自己と非自己の認識能力を持つことが免疫系の基本的特徴である．免疫応答を誘発する物質を抗原と呼ぶ．免疫応答は，抗体応答と細胞性免疫応答に大別される．抗体応答は，Bリンパ球（B細胞）由来の形質細胞が免疫グロブリンという抗体タンパク質を産生し，非自己抗原と特異的に結合する．抗体が結合したウイルスや細菌毒素は，標的細胞上の受容体との結合能力が阻害される．また，侵入微生物に抗体が結合すると，食細胞に貪食されやすくなるとともに，補体系と呼ばれる血漿タンパク質群が活性化され，侵入微生物は破壊される．細胞性免疫応答は，宿主細胞表面上についている非自己抗原を認識するTリンパ球（T細胞）を産生し，ウイルスに感染し，ウイルスタンパク質を表面に持っている宿主細胞を破壊することによって，ウイルスが複製し感染が拡大する前に感染細胞を除去する．

　ネコにおいてもこれらの免疫系の機能が働いており，多くの感染症などの病気やアレルギー反応に関与している．ネコでは，ネコのウイルスであるネコ免疫不全ウイルス（FIV）やネコ白血病ウイルス（FeLV）が，攻撃に対する免疫系の反応を抑制する．免疫系が過敏になり，活動が正しく中止しないと，アレルギーや自己免疫疾患が起こる．現在アレルギーのネコは増えつつある．免疫機能不全は，ウイルスの感染，感染物質の優勢な侵襲性，大量の感染物質，ほかの病気の存在，栄養不良，劣悪な環境などによって引き起こされる．アレルギーの原因になるアレルゲンは，免疫系を誤って活性化させ，病気と同じ応答を起こさせる．ネコでは，上口唇や顎でアレルギー反応が起こり，かゆくなること

表3-2　ネコにみられるアレルギー性の病気．

分類	病名
皮膚の病気	接触性皮膚炎
	遺伝性アレルギー性皮膚炎
	食物アレルギー
	蕁麻疹
呼吸器の病気	花粉症（アレルギー性鼻炎）
	アレルギー性気管支炎
	アレルギー性肺炎
	喘息
消化器の病気	アレルギー性胃炎
	アレルギー性腸炎
	好酸球性腸炎
	アレルギー性大腸炎

がある．気道の内壁の場合はくしゃみ，咳，呼吸困難などが起こる．消化管の内壁の場合は吐き気や下痢が起こる．虫刺されにおける化学物質，ある種の食品，薬物，植物と薬草，家ダニ，花粉，カビの胞子，場合によってはネコ自身のフケが，アレルギー反応の原因になることがある．表3–2にアレルギー性の病気を示した．

　一方，ネコの存在が原因となるヒトの猫アレルギーがある．これはネコの持っている Fel C-1 と呼ばれるタンパク質がアレルゲンになる．このタンパク質はフケや，唾液中に多く含まれており，アレルギー体質のヒトではくしゃみが出たり，息が苦しくなったりする．

3.4　イエネコの病気

　イエネコの病気の診断と治療は獣医師にまかせることになるが，病気の予防のためにも発生頻度の高いネコの病気について，一般の飼い主も基礎知識を持っておく必要がある．ネコの疾病統計によると，けんかなどによる咬傷，外傷が非常に多く，それにともなうほかのネコからの感染症，外部寄生虫（ダニ）および内部寄生虫（条虫，回虫など）が疾病発生率の上位を占めている（イヌ・ネコの疾病統計，2010）．屋外に出ているネコには，このような疾病の機会が多くなる．

　これらの疾病は，室内のみで飼育することで感染を防ぐことができるが，運動量の低下やストレスの発生などにより別の疾病の原因にもなる．すなわち，胃炎，膀胱炎，尿路結石症，肥満症，糖尿病などを発症しやすくなる．食性から考えると，狩りを行い肉食であったネコが，ヒトと同居し雑食性の食事またはペットフードを食べるようになったことによって，発症する疾患も出てきている．

（1）腎泌尿器疾患

　ネコの多発疾病のうち，感染性のものを除くと膀胱炎，下部尿路系疾患と呼ばれる疾病がもっとも多く，8歳以上の老齢ネコにおいては慢性腎不全は発症率の非常に高い疾病である．ネコは感染症が非常に多いことが，腎疾患の要因にもなっている．また，室内での飼育時間が長くなることにより，運動量の低

下から蓄尿の習慣化が起こり，尿結石成分の結晶化を起こしやすい．慢性腎炎は，糸球体，尿細管，間質性の炎症が慢性化したものをいう．ネコでは軽度の状態ではみつからず，慢性腎炎あるいはさらに進行した慢性腎不全になって初めて発見されることが多い．症状としては，削痩，脱水，皮下浮腫，蛋白尿，低淡白血症などがみられる．

慢性腎不全は，腎臓機能に障害が起き，動物体内の内部環境の恒常性を維持できなくなった状態をいう．腎疾患の末期などに起こり，一般に不可逆性で，正常な状態には戻らない．症状としては，腎臓が固く萎縮し，小さく凹凸した固い腎臓に触ることができるようになる．腎臓の機能が4分の1以下に低下すると明らかな臨床症状が発現する．腎不全の進行防止には，食事療法が重要となる．腎不全の進行因子としては，高タンパク質食，エネルギー不足，高リン食，高血圧，高脂血症，蛋白尿などがあげられているので，これらを回避する工夫が必要となる．

ネコの下部尿路疾患は，排尿障害，頻尿，血尿，尿路閉塞をおもな症状とする疾患で，構造的に尿道が狭い雄ネコ，とくに早期去勢ネコに多発する．閉塞の原因は，ミネラルの結晶と基質から構成されている尿結石や尿道栓子である．閉塞を起こす尿結石や尿道栓子のミネラル成分としては，ストラバイト，シュウ酸カルシウムなどがおもなものである．近年，ストラバイト結石に対する食事管理が広く行われるようになり，この症例は減少してきている．一方，シュウ酸カルシウム尿石は増加傾向にある．

(2) 内分泌疾患

内分泌は神経的防御（反射など）よりは遅く，免疫系よりは速く外界から生体を守るシステムで，内分泌腺から分泌されるホルモンによって調節されている．ネコでもっとも多く認められる内分泌疾患は糖尿病で，ヒトやイヌとはやや病態が異なり，治療もむずかしい．そのほか，ネコの高齢化にともなって増加している内分泌疾患として，甲状腺機能亢進症があげられる．

ネコの糖尿病は，ペットの長寿化や餌のグルメ化も発症の大きな原因となっている．糖尿病には1型と2型があり，ネコの場合は2型糖尿病に類似している．糖尿病の初期症状として出現する多飲多尿や肥満の状態で，動物病院を訪れる飼い主も多くなり，早期発見につながっている．糖尿病の発症要因として

は，ネコが興奮したりストレスがかかった場合，エネルギー源のグルコースを産生させるホルモン，代謝系が活発に働き血糖値がすぐに上がる．またネコでは，血糖値を下げるインスリンの効果の発現が弱い．高血糖を示しやすいネコでは，肥満，ストレス，感染症などの血糖値を上昇させる因子に，血糖値を下げられない因子が加わることによって糖尿病状態になると考えられる．もっとも特徴的な症状は多飲多尿で，血糖値が大きく上昇している場合に起こる．

また，糖尿病になると感染症を起こしやすく，もっとも多い併発症は膀胱炎である．肥満との関係では，肥満ネコが急激に痩せてきた場合は糖尿病の進行が疑われる．ネコでは食後の血糖値を上昇させないフードが発売されている．糖尿病の予防法としては，ネコにストレスの少ない飼育環境を与え，肥満にしないことが重要である．また，運動不足に注意し，摂取エネルギーを抑える食事管理も重要である．

甲状腺機能亢進症は，新陳代謝を亢進したり，体温を維持する甲状腺ホルモンが過剰な場合に，活動が活発になったり，痩せたりする症状を呈するものである．老齢ネコにもっとも一般的な内分泌疾患の1つで，最近多くなってきている．原因としては，両側の甲状腺が大きくなった腺腫がほとんどである．新陳代謝を亢進させるホルモンが増加するので，酸素要求量が増大し，心拍数が上昇したり，体温が上昇したりする．また，活動が活発になり，よく食べるのに痩せたり，被毛の乾燥，脱毛，爪が伸びるのが早いなどの症状も起こる．そのほかに副腎皮質機能亢進症や栄養二次性上皮小体機能亢進症なども起こりうる内分泌疾患である．前者は，ストレスのときに上昇する糖質コルチコイドが出過ぎることによって血糖値が上がりやすくなる．イヌでは非常に多く発生するが，ネコでは発生例が少ない．後者は，発育中の幼ネコに肉や内臓食または穀類を多く与え，カルシウム不足になったり，カルシウムは正常でもリンが過剰になった場合にみられる疾患である．生後8–20週齢のネコにみられ，骨の痛み，骨折，発熱，跛行が起こる．

(3) 心疾患

心筋症は原因不明の心臓疾患で，ヒトと同様の分類法により肥大型，拡張型，拘束型，そのほかの型に分けられる．どの型も心臓の収縮や拡張に障害があり，循環障害を起こしてしまう病気で，弁膜症も併発する．肥大型心筋症はネコで

もっとも多く発生する心筋症で，心筋症全体の 60-70% を占めている．この肥大型心筋症は，全身への動脈血を送り出すポンプ役の左心室の壁が厚くなり，室内が狭くなる病気である．そのため室内に血液がたまらず，全身へ十分な血液が送れなくなる．発症は 6-9 歳に多くみられるが，6 カ月から 16 歳と幅広い年齢でみられ，とくに雄で発症例が多い．症状としては，元気がなくなり，動くことをいやがるようになる．

拡張型心筋症は，食事中のタウリン欠乏による発病が大半を占めている．現在，多くのキャットフードにタウリンが添加されているので，この型の心筋症は減ってきているが，まだ心筋症の約 20% を占めている．疑わしい症状が出た場合は，タウリン欠乏の食物を食べていないかをよく調べ，確認のために血中のタウリン量を測定する．拘束型心筋症は，心筋症の中でもっとも少ない型で心臓内壁側の筋肉が変性し，心室が広がらなくなったものをいう．3 種の心筋症はいずれも，心臓からの動脈血の拍出の低下，心臓弁膜症の合併，および循環障害が起こっている．心臓内での血液の貯留，血流の低下，乱流により，血液は一部心臓，血管内で固まってしまい血栓をつくる．この血栓が，大動脈血に乗って流れていき，体の末梢部分で詰まり，血管を閉ざす．これを血栓塞栓症という．血栓の詰まった血管では，先の部分の神経が麻痺し，痛みの感知，反射神経がなくなり，後肢麻痺により歩けなくなったりする．治療は血栓症に対してだけでなく，原因となった心筋症や心不全の治療，管理を行う必要がある．

(4) 感染症

屋外を生活の一部とするネコたちは，なわばり争いによってけんかが起こり，咬傷や外傷が多くなる．けんかや性行動では，細菌による感染症が起こるだけでなく，ウイルスによる感染症も伝播する．ウイルスの中には変異や進化が速く，宿主細胞の遺伝子を都合よく変化させて増殖してしまうものもいる．そのため，ワクチン開発が追いつかず，ワクチンで予防できない感染症も少なくない．ウイルスに対抗するには，ワクチンのあるものは接種して予防し，ワクチンのないものはインターフェロンを用いて免疫防御機構を増強し，対症療法を行い，抗生物質で細菌による二次感染を防ぐ方法しかない．表 3-3 に現在接種されているネコの 5 種のワクチンを示した．

猫白血病ウイルス（FeLV）感染症は，ネコに白血病やリンパ腫など血液リン

表 3-3 ネコのワクチン.

	病原体	疾患
3種混合ワクチン	パルボウイルス	猫汎白血球減少症（猫伝染性腸炎）
	ネコヘルペスウイルス1型	猫ウイルス性鼻気管炎
	ネコカリシウイルス	猫カリシウイルス感染症
5種混合ワクチン	ネコ白血病ウイルス	猫白血病ウイルス感染症
	クラミジア・シッタシ	猫クラミジア症

注） 5種混合ワクチンは3種混合ワクチンに下記の2種を加えたものである．

パ系細胞の腫瘍性の増殖を引き起こす感染症である．血液リンパ系細胞の腫瘍だけでなく，感染したネコの免疫力を低下させ，肺炎，敗血症，歯肉炎，口内炎などの細菌や真菌による感染を起こしやすい．免疫力が低下している個体では，通常感染しない病原体にも感染しやすくなる．原因となるFeLVは，腫瘍ウイルスであるレトロウイルスの仲間であり，癌遺伝子を持っている．FeLVは，比較的弱いウイルスで，乾燥した環境では生存することができず，感染したネコの唾液を介して伝播する．また，感染した母ネコから胎児にも感染する（垂直感染）．ヒトを含むほかの動物には感染しない．感染したネコは，40％が抗体をつくり免疫状態となり，30％はキャリアという状態になり，残り30％は発症し，そのうち80％のネコは3年以内に死亡する．症状としては，元気や食欲がなくなったり，嗜眠，体重が減少したりする．FeLVに対するワクチンがあるので，ワクチン接種で予防は可能であり，ネコを屋外に出さないことも予防法の1つである．

　猫免疫不全ウイルス（FIV）感染症は，いわゆるネコのエイズで，ネコに固有のウイルスでネコ以外の動物に感染することはない．免疫力が低下することによって，さまざまな感染症に対する抵抗力がなくなり，しだいに痩せ細って衰弱して死亡する．FIVはヒトのエイズウイルス（HIV）と同類のレンチウイルスの仲間であるが，ヒトには感染しない．けんかによる咬傷から感染することがほとんどで，交尾や接触だけで感染することはまれである．発症するとすべてが死亡し，死亡率は100％である．感染の診断は，血清の抗体検査で行う．日本ではワクチンが最近開発され発売されたところであり，ネコを屋外に出さないことがもっとも有効な予防法といえる．外からネコを家庭に入れるときは抗体検査を行うほうがよい．

猫伝染性腹膜炎 (FIP) は，ゆっくり進行する全身性の病気で，いったん発症したネコの死亡率はきわめて高い．腹水や胸水がたまる滲出型と，腹水や胸水はみられず，眼，脳脊髄，肝臓，腎臓に病変をつくる非滲出型の2つの型がある．FIPの原因はネココロナウイルスであり，6カ月から3歳のネコに多くみられる．発症したネコから排出された唾液，鼻汁や糞便，尿から直接的に，またそれらに汚染されたものから間接的に，口や鼻から感染する．発症したネコのほとんどは死亡する．発症したネコのほとんどが滲出型で，感染して数週間から数カ月で元気や食欲がなくなり，発熱，腹水の貯留による腹囲膨大がみられる．非滲出型では，中枢神経や眼に病変がみられることが多い．FIVに対するワクチンは開発されていない．

　猫ウイルス性鼻気管支炎 (FVR) はネコの風邪で，ヒトと同じように秋から冬にかけて流行する．1歳以下の子ネコに多発する病気の1つで，一般に死亡率は高くない．FVRは猫ヘルペスウイルス1型 (FHV-1) の感染が原因で起こる．栄養不足，ストレス，体が冷えることでウイルスが増殖し，風邪を起こす．感染源は急性発症したネコの眼や鼻からの分泌物や唾液である．子ネコはウイルスのキャリアーである母ネコから感染することが多い．ネコの3種混合ワクチンの接種で予防することが可能である．

　ネコ汎白血球減少症は，別名猫伝染性腸炎，パルボウイルス感染症とも呼ばれ，激しい腸炎を起こすと同時に著明な白血球の減少がみられる病気である．生まれて半年以内の子ネコにもっとも多く発症がみられる．合併症を起こしたり，子ネコで手当てが遅れた場合は死亡することもある．感染は猫汎白血球減少症ウイルス (パルボウイルス) が原因となる．一般的な症状としては，発熱して元気や食欲がなくなり，それから胆汁色 (黄緑色) の液体を吐き，激しい下痢や血便をするようになる．予防はネコの3種混合ワクチンを接種することで可能である．ヒトがこのウイルスを運ぶ可能性もあり，ヒトは野良ネコに触れないように注意する必要がある．

　ネコのトキソプラズマ症は，トキソプラズマという寄生虫に感染して起こる病気で，ヒトにも感染する人獣共通感染症である．発症原因となるトキソプラズマは，原虫という寄生虫の一種であり，1個の細胞からできた動物性の寄生虫で，アメーバなどの原生動物と同じ仲間である．トキソプラズマはネコの口から入り感染すると，虫体が腸細胞に侵入し，腸細胞内で分裂して多量の虫体

をつくりだす．病原性はきわめて弱く，健康な成ネコが感染しても下痢する程度で，無症状のままであることも少なくない．しかし，衰弱した成ネコでは持続性の下痢，貧血を起こし，また中枢神経に障害が生じ，体の一部が麻痺したり，運動失調を起こすこともある．予防は，ほかのネコの排泄物に触れないために，ネコを屋外に出さないようにする．そのほか，生肉を与えたり，ネズミを食べさせないようにすることと，中間宿主の昆虫類の駆除を心がける．

　表3-3で示したようにワクチンが開発されている感染症で，猫カリシウイルス感染症はカリシウイルスによって発症する呼吸器疾患であり，猫クラミジア病はクラミジアという微生物によって発症する呼吸器病である．また，口腔疾患症状の主因といえる歯周疾患（歯周病）は，基礎疾患として猫白血病，猫免疫不全ウイルス感染症のような全身性疾患が存在していることも多い．その発生因子は，歯垢中の細菌とその産生物と考えられる．歯周病の治療に際しては，猫白血病と猫免疫不全ウイルス感染症のチェックも重要になってくる．

4 イエネコの生態
——ヒトとの共生

4.1 イエネコの生態

　イエネコは今でも野生の状態に戻る能力を備えており，またヒトの手による選抜がほとんどなされてこなかったこともあり，多くの場合その行動にも完全な自由が与えられている．多くの面でネコの生き方は，イヌなどのいわゆる家畜というよりも，ネズミや軒先に生息するツバメのようなヒトと共生するある種の野生動物に近いところがある．

　イエネコは大きく分けて飼いネコと野良ネコの2つに分類される．また，この中間の半野良と称するものもある．飼いネコには当然飼い主が存在している．野良ネコは特定の家庭に属さないイエネコをいい，特定の飼い主は存在しない．そして，住む場所と状況に応じて狩猟あるいはゴミあさりか施しによって食資源を自ら得なければならない．半野良のネコは半飼い主ともいえる1つあるいは複数の家庭とかなりの関係で結ばれているネコと定義され，半飼い主とは距離をおいたところで生活している．飼いネコではさらに半放飼状態のものと室内ネコに区別される．その生活環境および食資源を得る条件などによりネコの生態はいくぶん異なってくる．

(1) 生息密度と行動圏の広さ

　イエネコの生態を考えるとき，室内のみで飼育されている飼いネコは別にして，自由行動の飼いネコあるいは野良ネコについては，行動圏（テリトリーあるいはなわばり）と呼ばれるエリアを有している．まずネコの生息密度についてみてみると，1 km^2 あたり1匹以下から2000匹以上というように多様である（Macdonald et al., 1987）．自由行動の飼いネコと野良ネコの生息密度は，食物の豊富度が最終的な決定要因となる．生息密度が 1 km^2 あたり100匹以上というのは，豊富な生ゴミを食料としている都市部のネコと，飼いネコではないが，

表4-1 ネコの生息密度と食料状況 (Turner and Bateson, 1998より改変).

生息密度 ($1\,km^2$あたりのネコの数)	食料状況の一般的特徴
100匹以上	豊富 (ゴミ箱, 廃棄魚類, ネコ愛好家が提供する餌)
5-50匹	やや乏しい (農家やほかの家庭から, 島に生息する鳥類, 豊富で分散している獲物)
5匹以下	獲物が分散して乏しい, 豊富な食料の集積がない

いつも同じ場所で食物を与えてくれる多数のネコ愛好家によって支えられているネコたちである.中等度の生息密度 ($1\,km^2$あたり5-100匹) というのは,ネコに必要な食物のほとんどが飼い主によって賄われている農村地域に住むネコ集団と,地上に営巣する海鳥など野生の獲物が豊富な場所に生息しているネコの場合である.$1\,km^2$あたり5匹以下の生息密度というのは,おもにウサギや齧歯類などの広範囲に分散して生息している獲物を食料としている農村地域の野良ネコ集団である.表4-1に生息密度と食料状況の特徴との関係をまとめて示した.

イエネコの行動圏の広さは,雌ネコと雄ネコの場合でかなり異なる.雌ネコの行動圏には生息密度同様,食物が強く影響をおよぼしている.また,雌ネコの行動圏の大きさと生息密度との間には明らかな負の相関がある (図4-1).雌ネコのもっとも小さな行動圏は,食料が豊富で集積している都市部の野良ネコ

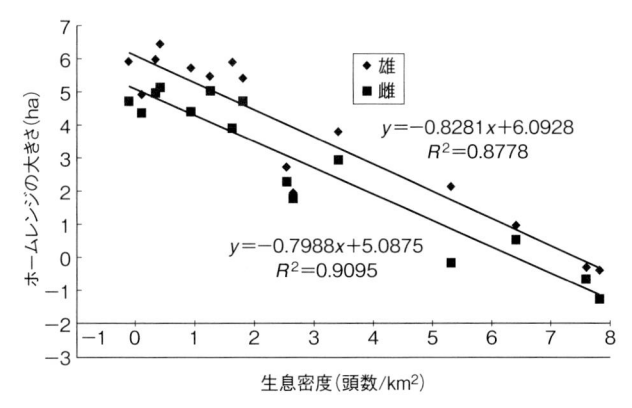

雄: $y=-0.8281x+6.0928$, $R^2=0.8778$

雌: $y=-0.7988x+5.0875$, $R^2=0.9095$

図4-1 ネコの生息密度と行動圏の大きさの関係 (Turner and Bateson, 1998より改変).

集団にみられる．中等度の行動圏は農村地域で飼われているネコ集団で，もっとも広い行動圏を持つのは，自然の中で分散して生息している獲物を食料としている野良ネコである．

　雄ネコの行動圏は雌に比べて3倍ほど大きい．このことは食料だけが雄の行動圏の大きさの少なくとも直接の決定要因ではないことを示している．雌ネコの生息密度と分布が雄の行動圏の大きさを決定するおもな要因と考えられている．そして繁殖に関与する雄のほうがそうでない雄に比べて行動圏が広くなる傾向にある．飼いネコで優位な雄の場合には，行動圏は350-380 ha であったが，劣位な雄の飼いネコはおよそ80 ha であり，雌の行動圏と大きく変わらなかった (Liberg, 1984)．行動圏の広さについては，研究報告によりかなりの変動があり，その理由の1つとして雌の分布が関係しており，雄の空間分布に影響をおよぼしている．

(2) 群居性

　イエネコは基本的に単独生活をする動物で，いったん成長すると，交尾と繁殖のためにしかほかの個体を求めないと考えられている．しかし，現在では野良ネコが高度の社会的相互作用のあるコロニーを自発的に形成することがわかっている．イエネコはかなり融通性があり，単独生活もできれば群居生活も送ることができる動物で，これには食物の分布状況と関係があると思われる．家庭で生活するネコの集団では，住人から定期的に食物をもらうか，こぼれ落ちた家畜の餌など定期的かつ豊富な食料源に近づきやすい状況にある場合が考えられる．一方，都市部や農村地区などの野良状態の集団では，よくみられる生ゴミの集積場など，頻繁に食物が補給されているような場所あるいはネコ好きのヒトによる餌場が存在する (Izawa et al., 1982)．雌の成ネコが集団を形成して生活するのは，1匹でいるよりも1カ所に集まって生活するほうが安定した食料源の確保と協同防衛に効果的であるというのが理由と思われる．

　集団に属する雌ネコの構成個体は，血縁関係にもとづいて構成されていることが多く，子育ての時期には集団内で雌どうしが親密に相互行動していることも認められている (Macdonald and Moehlman, 1982)．集団内の雌ネコの距離は，別の家系より同じ家系，兄弟より同腹子，叔母にあたるネコより母ネコなどと近い距離を持つことがわかっている．雄ネコの場合は，一般に集団とはつ

かず離れずのかなりゆるやかな関係にある．雌ネコは集団間を移ることはめったにないが，雄ネコでは集団間を移ることがある．また，ネコの群れでは，ある程度の社会的順位はあるにしても，オオカミやイヌのような明確な支配-服従関係の構造を形成することはないようである．

　ネコ科動物で群居性のあるのは，イエネコとライオンだけである．イエネコが大きな集団を形成する能力は家畜化によって育まれてきたと考えられる．群れの中で生活しているそれぞれのネコの行動には，協同の子育て作業のように社会性が認められ（Kerby and Macdonald, 1988），ネコは自らの意思で一緒に行動することを好む．群居性の雌たちの行動圏は，元来見知らぬ個体との接触を避ける性質を持つこともあり，ほかの集団の雌の行動圏と重複することはない．単独で生活する雌では，獲物が分散して生息するような環境で生活している場合には，行動圏が重複する部分がみられる．雄では，繁殖のために受容可能な雌を求めることから，とくに繁殖期には行動圏が広範囲に重複する．

　ネコが単独生活を送るか集団で生活するかを決定する究極の要因は食料の分散状態であり，血縁個体の絆が認められるとしても，ネコ集団がほんとうの意味での社会的集団なのか，ただ集中した食料のまわりの1カ所にたんに集まってきた集団なのかという問題がある．これについては，ヒトにより餌が与えられる場所や大きなゴミ捨て場，あるいは魚貝類が豊富な漁港などでネコが集まっている「餌場グループ」と呼ばれる集団が形成されている．グループのサイズは餌の量によって決まる．

　図4-2は，長崎市の長崎駅から近い古くからの密集した住宅地に多く生息している「長崎ネコ」と呼ばれる日本ネコの群れの一部である．このネコたちの群れの中には，尾の短いものや長くても先が曲がっているものなどが全体の3分の2ほど存在している．ネコの多くは特定の飼い主のいない野良ネコで，地域のヒトにより餌を与えられている．

　また，ネコの集団性については，夜中に近所のネコが空き地や駐車場，広い庭などに集まって座っている「ソーシャル・ギャザリング」と呼ばれる集会のようなものを開くことも知られている．とくにコミュニケーションをしているようでもなく，時間が経つとバラバラに帰っていく．この集会の意味は解明されていないが，周辺に生息するメンバーシップの確認の機能を持つと考えられる．

図 4-2 長崎ネコ.

4.2 イエネコの役割

(1) 癒し効果

2012年の日本におけるイエネコの飼育数は約1000万匹で，飼育世帯率は約10%と推定されている（ペットフード協会，2012）．10世帯に1世帯が飼育している計算になり，イヌの場合より複数飼育の世帯が多いと思われる．2004年からのイエネコの飼育数の推移を示したのが表4-2である．イエネコは放飼状態の飼育形態があり，また特定の飼い主の存在しない地域ネコ的なものも存在するため，正確な飼育数を把握するのはむずかしい．外ネコを含めるとおそらくイヌとほぼ同じ1200万匹程度と推定される．2000年台半ばから飼育数が増加しているのは確かなようであるが，ここ2–3年は横ばい傾向と思われる．日本でも世界でもイヌとネコは双璧の家庭動物といえる．

飼育ペットに占めるイエネコの比率は，20%台半ばから30%までの間で推移している．イエネコの飼育場所を調査したものが表4-3である．2001年から2006年の間に室内飼育の比率が上昇しており，屋外だけで飼育する例は非常に少なくなっている．この傾向は，放し飼いによるトラブルなど環境的問題とマンションなどでの飼育の増加が影響しているものと思われる．今やイエネコの放し飼いは，人口密度の低い農村部あるいは都市の郊外などで可能な状況にあ

表4-2 ネコの飼育数の推移（ペットフード協会，2012より作成）．

年次	2004	2005	2006	2007	2008	2009	2010	2011	2012
飼育匹数	10369	10085	9596	10189	10890	10021	9612	9606	9748 (千匹)

表4-3 ネコ（雑種ネコ）の飼育場所（紺野，2009より改変）．

年次	おもに室内	室内・屋外半々	ほとんど屋外
2001年	58.4%	11.6%	29.9%
2002年	63.5%	12.1%	24.4%
2003年	65.4%	9.6%	24.9%
2004年	69.3%	23.4%	7.3%
2005年	76.1%	19.6%	4.3%
2006年	78.9%	16.7%	4.5%

るといえる．

　イエネコの飼育が室内主体となってきたことにより，ヒトとより密に接触して生活する場面が多くなっている．これは前記のようにネコの生態的な特性を考えたとき，ネコにとっては幸せとはいえないかもしれない．イヌでは屋外飼育も多いことから，ヒトとの密着度はネコのほうが高いといえる．そして，ヒトはイエネコの持つ癒し効果を感受する機会が増したことになる．ネコを飼育している理由を調査した結果では，「かわいいから」，「楽しいから」，「癒されるから」，「生活に潤いを感じるから」などネコの癒し効果をあげているものが多くみられる（表4-4）．

　また，東京農業大学で305人を対象にイヌが好きか（イヌ派），ネコが好きか（ネコ派）について調査したところ（瀬沼，2011），イヌが好きが約60%，ネコが好きは約33%という結果になった．イヌ派のほうが多いようであるが，どちらも好き（たぶん動物好き）というものもあり，ネコ好きはけっこう多いといえる．ネコの好きな理由を聞くと表4-5のようになり，「見た目がかわいいから」，「仕草・態度がかわいいから」および「自由気ままな気質が好きだから」がほぼ同じで，「ヒトになつくから」は少ない．ヒトは，ネコにはイヌとまた

表4-4　ネコを飼育している理由（紺野，2009より改変）．

かわいいから	71.6%
動物（ネコ）が好きだから	66.9%
一緒にいると楽しいから	55.3%
自分が癒されるから・心が和むから	54.6%
家族・子どものようなものだから	40.8%
生活に潤いを感じるから	33.9%
家族のコミュニケーションに欠かせないから	31.0%
拾ったので	30.3%

注）　上位8項目を列挙した．

表4-5　ネコが好きな理由（瀬沼，2011より改変）．

見た目がかわいいから	30%
仕草・態度がかわいいから	30%
自由気ままな気質が好きだから	30%
ヒトになつくから	10%

違ったものを求めているといえる．一方でネコの嫌いなところとして，イヌ派は「性格が嫌い」，「糞尿や毛が汚い」，「飼い主のマナーが悪い」などをあげており，これらはネコそのものとネコ飼育の弱点といえる．日本も近年ヒトの高齢化が進み，ペット飼育者の年齢も年々高くなってきており，2006年では50歳以上のヒトが16%を超えている．動物飼育による癒し効果は高齢者ほどその効果が大きいと思われ，ネコは小さく比較的容易に飼育できることから，最適のペットといえる．

屋外で生息している野良ネコも周辺環境にうまく溶け込んでいれば，その姿も癒しの対象となる．地中海沿岸やヨーロッパの都市によくみられる「街歩きネコ」，「漁港ネコ」などがよく取り上げられている．これらは前記（4.1節参照）のように，餌の豊富あるいはありつける場所で群居化したネコたちである．日本でも宮城県の田代島，福岡県の藍島など多くの「猫の島」と呼ばれる島があり，観光資源としても利用されている．図4-3は，瀬戸内海に浮かぶ小島である岡山県真鍋島でみかけた野良ネコである．この島には多くの野良ネコが住んでおり，漁師や島の住民から餌をもらって生活している．そのほかにも，野良ネコではないが商店や駅の看板ネコ，ネコカフェなどは，ネコの持つ癒し効果をフルに活用したものといえる．イヌとは異なったネコの大きな役割の1つといえる．

(2) 害獣駆除

一般的にいえば殺鼠剤の普及などにより，イエネコのネズミ退治の役割は従来より大きく減少しているといえるかもしれない．しかしネコの家畜化は，穀物を食料とするラットやマウスなどの齧歯類を駆除してもらう目的であった（Robinson, 1984）．また，家畜化された後も現在まで野性味を維持している．そのようなイエネコたちに害獣駆除の出番はないのだろうか．

海外の状況をみてみると，野外ではネコはラットやマウスのほか，ハタネズミ，ウサギを獲物としており，とくにネズミ科の動物以上にウサギを好んで捕らえていると思われる．オーストラリアとニュージーランドでは19世紀に移入され，農場の穀物を食い荒らすまでに増加したヨーロッパウサギの被害対策が問題となった．その後，このウサギは彼らの食料の限界量よりはるかに低い生息密度で維持されている．その理由として野良ネコなどの捕食動物の存在が

図 4-3　岡山県真鍋島の野良ネコ．

貢献していると思われる (Gibb *et al*., 1969). スウェーデンの南部においても, 比較的長い期間, ネコなどの捕食動物によってウサギの生息数が調節されてきた. また捕食動物が比較的多く生息しているイングランドとウェールズでは, ウサギの生息数が少ないことが報告されている (Trout and Tittensor, 1989). ネズミ被害を食い止めるために活躍している例としては, ロシアのサンクトペテルブルグにあるエルミタージュ美術館でのネコの活躍があげられる. 所蔵する多くの絵画などをネズミの害から守るために, 今も約50匹のネコが飼われている.

　日本の場合, 農村地域では収穫した穀物, 美術館などで所蔵する絵画類などのネズミによる被害を防ぐうえでネコの存在は有益であろう. また, 都会のビルや地下鉄に多くのドブネズミが生息している例や, 殺鼠剤に耐性を持ったスーパーラットの出現, 住宅団地でクマネズミが増加していることが報告されている. その対策のためにもまだイエネコの出番はありそうである. その一方で, 農村地帯はともかく都市の中に多くの野良ネコが生息することも問題となる. 今後の害獣対策におけるイエネコの活用については, 放し飼いを含む秩序ある飼いネコの存在であることが前提となる.

　ネコが捕食動物として存在することによる悪影響も考えておく必要がある. もっとも問題となるのは島に生息する野生生物への影響である. ネコが多くの島に住みつくようになったのはここ100年か200年の間であり, もともと島では生息する哺乳類は非常に少なく, もっぱら鳥類が捕食動物の哺乳類が生息しない状況の中で進化してきた. 島にネコが定住するようになった後, 鳥類が絶滅した例やかなり広範囲にわたって島に生息していた動物の生息数が減った例が数多く報告されている. また, 低い緯度にある多くの島では, 爬虫類がネコの食物として重要な位置を占めており, ネコに捕食されることにより爬虫類の生息数が減少したという研究結果が報告されている. カリブ海やガラパゴス諸島, フィジー諸島などに生息するイグアナ類などが例としてあげられる (Fitzgerald, 1988). 大陸に生息する鳥類についても, ネコによる捕食が懸念されるが, ネコによる淘汰圧はこれまで自然の捕食動物として分類されてきた動物に比べると, 低いものと考えられている. ノウサギやキジなどのヒトが狩猟の対象としている動物については, キツネとともにネコが捕食していることが知られており, 狩猟家は狩猟用動物の減少を危惧している. 日本でも生息数の減少して

いる在来の野生小哺乳類が，アライグマやハクビシンなどの外来動物とともに野良ネコの捕食に直面しているという事実がある．

(3) 経済的効果

　欧米諸国をはじめ，日本でも近年の経済発展にともないペットの飼育数が著しく増加し，それを支えるペット関連産業も増大している．ペット関連産業の市場生産額は 2004 年に 1 兆円を超えており，その内訳は生体販売と関連サービスが 6000 億円，ペットフードが 2500 億円，ペット用品が 1500 億円などとなっている．ペット関連産業の生産額にはイヌがもっとも貢献していると思われるが，イエネコも少なからず貢献している．ネコ用のペットフードをはじめ，動物病院と動物薬，ネコ用のグッズ，ペット販売，関連雑誌などネコに特化したものも数多く含まれる．家庭内で大切に飼育されることにともない，種々のペットフードの開発と販売，高齢化に対応した医療技術の進展などが進み，ペット飼育費用の増大につながっている．しかし，これらの状況はヒトの経済力と大きく関係するので，長く維持されるという保証はない．

　そのほか，経済的効果と直接関係はないが，商品の広告やテレビ・映画におけるネコの登場，ネコカフェでの触れ合いネコ，商店や旅館などの招きネコ（置物）もネコを活用した商業活動である．行き過ぎたペットブームとペット産業の拡大には注意が必要であるが，ネコの持つヒトへの貢献の 1 つとしてとらえられる．

4.3　イエネコの福祉

(1) 動物の福祉問題

　欧米における現代動物権思想は，医学（動物実験）や畜産業（集約的な飼育）の発展にともない，1900 年代後半になって関連の多くの著書が出され進展した．人間中心の自然観に対し「生命への畏敬」の倫理が提唱され，動物を殺すことへの制限が主張された．そして，動物の権利と道徳的なものの考え方が議論された．とくに動物実験の制限や家畜飼養方法の改善が指摘された．また愛玩動物についても，飼育実態は生きる権利と本性を侵害していないとはいえな

表 4-6 動物の愛護及び管理に関する法律（主旨と 2005 年のおもな改正点）.

[主旨]
1. 命ある動物を適正な環境で飼育する愛護精神の啓発
2. 人と動物の共生社会の実現への配慮…動物が果たす役割を適正に活用する
3. 子どもの心に豊かな情操教育を…生命尊重・友愛の心を育むための官民連携
4. 動物取扱い業者の経営環境の整備…動物愛好者への飼育指導の質的向上

[2005 年のおもな改正点]
1. インターネットによるペット販売業等の規制…無店舗業者の登録と基準遵守
2. 出張訓練業者，ペットシッターの登録の義務付け
3. 動物を虐待や遺棄した飼い主への罰金の強化（50 万円）
4. 危険動物の許可の一律化
5. 実験動物の利用について…これまでの苦痛の軽減に加え，動物以外の方法への転換と使用動物数の最小限化を明記

いとした．

　動物福祉とは，たとえば「動物の生涯にわたって健康と快適な生活を保全するもの」と定義でき，動物の「生活の質（QOL）」が最大の課題である．日本における明治以降の動物福祉への取り組みは，1902 年に「動物虐待防止会」が設立されたのが最初で，戦後この会は「日本動物愛護協会」へと発展した．そして，1973 年に「動物の保護及び管理に関する法律」が成立し，1999 年に「動物の愛護及び管理に関する法律」として改正された．さらにこの法律は，2005 年に改正され，インターネット販売者やイヌの出張しつけ業者の登録を義務づけるとともに，愛玩動物の虐待や遺棄に対して罰金を強化した（表 4-6）．イヌとネコについては，1975 年に「犬及び猫の飼養及び保管に関する基準」が公布されている．動物実験については，近年医学分野などの実験にイヌやネコなどが利用されることはほとんどなくなっている．動物福祉の問題は，元来遊牧民である西欧では畜産動物が中心であるのに対し，農耕民族の日本ではイヌ，ネコなどの愛玩動物が中心となっている．

(2) 愛玩動物の福祉

　一般的にいって，飼育者と強い絆で結ばれている愛玩動物は，望まれて飼育されていることもあり，生活の質の問題はないといえる．しかし，近年のイヌやネコの飼育数の増加にともない，問題が生じている．主要な問題点として，① 飼育者の知識の不足や過剰な愛情によって誘発される問題行動の発生や管理

の失敗，②愛玩動物の遺棄（飼育途中での遺棄，イヌ・ネコの不用意な繁殖による遺棄，外来ペットの遺棄など），③動物虐待（動物に必要のない痛み，苦しみ，苦悩を非偶発的に与え，ときには死に至らしめる行為で，積極的・意図的虐待と必要なものを与えないネグレクトに分けられる），の3つがあげられる．対策としては，動物の生理，習性などの知識と動物愛護思想の啓発が必要である．また，施設に保護された動物たちの飼い主探しなどの譲渡活動の強化や飼育家庭における人的環境を含む飼育環境の改善などを行うことが重要である．

ネコの場合，野外で放飼状態であったり，比較的体格が小さいこともあり，イヌに比べ虐待されやすい状況がある．ネコの痛ましい虐待のニュースがよく取り上げられている．一方，近年イヌやネコなどをより大切に飼う傾向が強まり，その平均寿命がかなり長くなってきている．2012年度の調査ではネコで14歳以上となっている（ペットフード協会，2012）．室内飼いの場合は16歳に近い．このネコの高齢化にともない，医療や介護などヒトと同じ問題が生じており，大きな動物福祉問題となっている．

(3) ネコの殺処分数の削減

表4-7に神奈川県動物保護センターで2010年度に保護されたネコの状況を示した．所有者不明の子ネコが圧倒的に多く，それらの子ネコは野外で野良ネコが繁殖した結果か，あるいは飼い主によって遺棄された個体がほとんどである．それらの子ネコの譲渡先をみつけるのはきわめて困難であり，ほとんどが殺処分される結果となる．全国的にみてもほぼ同様の傾向となっている．また，表4-8に全国のイヌとネコの年次別殺処分数の推移を示した．イヌでは殺処分数の顕著な減少がみられるが，ネコでは殺処分数があまり減少していない．これは，保護されるのは子ネコが大多数で譲渡も不可能という結果にもとづいている．イヌとネコの飼育形態が異なることとネコには放し飼い禁止の規定がないことも関係している．

海外においても，アメリカではネコの飼育数が1996年に5910万匹（Anon, 1997），一方，放浪ネコと野生ネコの生息数が2500万-4000万匹と推定されている（Patronek and Rowan, 1995）．このように捨てネコや放浪ネコあるいは野生ネコの数が，子ネコを含めて非常に多いことが，世界中でネコの福祉についての主要な問題の1つになっている．そして，結果として野外で繁殖したり，

表 4-7 神奈川県動物保護センターに保護されたネコの数（神奈川県，2011 より作成）．

項　目		匹　数
所有者不明ネコ	成ネコ	4
	子ネコ	1283
	合　計	1287
飼えなくなったネコの引取り数	成ネコ	161
	子ネコ	113
	合　計	274
譲渡匹数		107
殺処分匹数		1431

表 4-8 全国のイヌとネコの殺処分数の推移（神奈川県，2011 より作成）．

年　次	2000	2001	2002	2003	2004	2005	2006	2007	2008	2009	年
イ　ヌ	142	124	114	106	94	85	113	99	82	64	千頭
ネ　コ	274	273	267	267	239	227	228	201	194	166	千匹

保護施設に収容されて生き延びるかあるいは安楽死させられることになる．

　保護施設に収容されるネコでもっとも多いのは，望まないのに生まれてしまった子ネコたちである．つぎに飼い主のなんらかの都合により保護施設に連れてこられたネコたちで，理由としては引越し，飼い主の死亡，経済的問題，アレルギーなどがあげられる．問題行動が原因の場合は少ない．ネコの過剰問題を解決する方策としては，まず不妊手術（避妊・去勢）の促進があげられる．つぎにネコの遺棄行為を減らすことが重要である．そのためには，飼い主に対して繁殖についての知識と動物福祉についての啓発，および迷い子のネコの飼育者への返還率向上のためのマイクロチップの装着などが有効となる．また，最近，民間のネコの保護施設（シェルター）が増えてきているが，施設に収容されたネコの飼い主探しのための活動も重要である．とくに保護されるネコの大多数が生まれたばかりの眼も開かない子ネコで，そのほとんどが殺処分されるという現実を少しでも改善する必要がある．

(4) ネコの飼育条件

　ネコは本来，可能ならば自由に外に出られる状態で飼育するほうが，ネコの本性に沿った飼い方で動物福祉にもかなっていると思われる．しかし，日本の

都市部で周辺に迷惑をかけないように飼育するには，室内飼いにならざるをえない．ここではある程度広いスペースの中で飼育される場合を想定して，ネコの福祉にかなった飼育条件を考えてみる．飼育場には，食事を与えるコーナーや休息場，排泄場所などが適当に離れて設置される必要がある．ネコは食器や休息場所がトイレ容器に近すぎるのをいやがる．また飼育場には，隠れたり，探索したり，遊んだりといった一連の行動ができる十分な広さを確保する必要がある．集団で飼育されているネコの場合，すべてのネコが食物や水，トイレ，寝場所などに近づけるように十分な広さと適切な配置を確保する必要があり，たがいにほかのネコとの距離が十分とれるような広さも必要である．ネコはたがいに距離をおくことによって争いを減らそうとする傾向がある．ネコは活動的でよじ登る能力もあり，身を隠す能力にもたけている．また，周囲の状況やヒトの接近を監視するのに都合のよい場所として，一段高くなったところを使う習性がある．そこで，飼育場は棚やよじ登ることができる構造物，ロープ，一段高くなったさまざまな高さの通路などがあり，垂直方向が利用できる構造になっているのが望ましい．そのほか，適切な隠れ場所，各個体別のトイレと爪とぎ用の板，玩具も備えてやる必要がある．ケージの場合は遊べるだけの十分な広さを確保する．

　動物福祉では外部環境の質も重要で，ネコは感覚が高度に発達しているのでとくに配慮する必要がある．ヒトや動物の動き回っている状況が見渡せるような飼育場をつくるなど，嗅覚や視覚，聴覚への刺激が増すように心がける．ネコは同種個体と定期的に交流を持つ社会的肉食動物であるので，屋外に出られることも含め，ほかのネコと接触できる機会を与える必要がある．また，ヒトとも頻繁に触れ合いを持つ動物でもあり，日常の世話を含め，ヒトとの接触が十分に図れることが重要である．一般家庭の飼い主，あるいは飼育施設の飼育員は，ネコの特性についての知識と福祉的な考え方について十分把握しておくことが必要となる．室内飼いか屋外に出られるネコのどちらが幸せかという問題は，意見が分かれている．屋外に自由に出られるほうがネコの生活の質が高くなるともいえるが，屋外で闘争に巻き込まれたり，伝染病や交通事故の危険にさらされるという問題がある．いずれにしても，家庭で飼われるネコは動物福祉の考え方に沿って飼育される必要がある．

4.4 イエネコの問題行動

(1) 問題行動の種類

イエネコの問題行動としては，不適切な排泄，マーキング行動（尿スプレー・爪とぎ），攻撃行動などがおもなものとして報告されている．これらはイエネコの生態的な行動特性にもとづくものも多いが，飼い主やその周辺ではネコと共生するうえで大きな問題となる．現在のネコは集団で社会的生活を送ることを余儀なくされており，複数飼育では問題行動が発生する可能性が劇的に増加する．

表 4-9 にイギリスのペット行動カウンセラー協会により報告されたネコの問題行動を示した．また，表 4-10 にアメリカ・コーネル大学附属動物病院行動クリニックにおける症例報告を示した．多い順序に差はあるが，いずれの場合も前述のヒトまたはほかのネコに対する攻撃行動，不適切な排泄，マーキング

表 4-9 ネコの問題行動症例（Rochlitz, 2000 より改変）．

順位	イギリス・ペット行動カウンセラー協会への報告症例（$n=99$）	報告数（％）
1	マーキング行動（尿スプレー・爪とぎ）	30
2	ネコどうしの攻撃行動	17
3	ヒトに対する攻撃行動	16
4	不適切な排泄	13
5	飼い主との結びつきにかかわる問題	4
	その他	20

表 4-10 ネコの問題行動症例（アメリカ 1994-1998 年）（武内・森，2001 より改変）．

順位	アメリカ・コーネル大学附属動物病院行動クリニック症例（$n=308$）	報告数（％）
1	不適切な排泄	44
2	ヒトに対する攻撃行動	19
3	ネコどうしの攻撃行動	17
4	尿スプレー	10
5	異嗜	4
	その他	6

行動(尿スプレーなど)などが多くみられている．表4-9では「その他」が20%と多いが，その内容として恐がり，飼い主への過度の愛着，異嗜，自傷行為があげられている．イギリスの800匹のイエネコの飼い主を対象とした調査では，飼い主が問題であるとみなす行動を示すネコは，47%に達している(Voith, 1985)．このように，ネコの半分くらいの行動に対して問題と感じていることがうかがえる．

イヌも含めペットの行動に関する問題が，飼い主が動物を保護施設に連れていく理由の1つとなっている．イギリスとアメリカの比較では，イギリスが野外に自由に出られる飼い方が多いのに対し，アメリカでは室内飼いが主体となっている．そのことが両国の1位の問題行動の違いに現れているといえる．なお，爪を抜く手術はアメリカやカナダなどでは行われている(Patronek et al., 1997)のに対し，イギリスをはじめほとんどの西欧諸国ではこの手術を禁止している．ちなみに，日本ではこの手術が認められている．

問題行動の中でも症例が多いだけでなく，ヒトあるいはネコに大きな怪我などの被害をもたらすのは攻撃行動である．攻撃行動には捕食行動や遊び行動が含まれる．ヒトに対する攻撃行動でもっとも多いのが遊び行動で(Borchelt and Voith, 1987)，遊び好きのネコには遊んでやる必要がある．また，未去勢雄ネコは本能的な競争行動をするのが典型的であるので，けんか相手になっているネコとの間では屋外でのなわばりの重なりに注意して，屋外に出す時間を調整するなどの処置が必要となる．複数のネコを飼っている家庭では，1匹のネコがほかのネコのうち1匹または複数のネコを嫌うことがある．その場合は，どちらかのネコをほかの家にもらってもらうか，襲われるネコの安全な場所を家の中につくってやることが必要となる．ネコが脅威にさらされていると感じ，逃げられないときに起こるのが防御性攻撃である．この攻撃は恐怖症とも関連しており，獣医診療の場でもっともよくみられるタイプの攻撃である．ネコがヒトやほかのネコになんの理由もなく襲いかかるのは転嫁攻撃といわれる．これはある刺激によって高揚したネコが別の無関係のヒトやネコを襲ったものと思われるので，高揚の刺激の原因を発見する必要がある．そのほかでは，なでているときに突然飼い主を攻撃して手や手首を咬んでしまうネコがいるので，ネコの触り方によっては防御性攻撃を引き起こすことがあるため注意が必要である．一般的に室内で暮らすネコに攻撃行動が多いことから，刺激の不足も1

つの原因と考えられる．

　不適切な排尿・排便は，屋外でするはずのネコが屋内でしたり，室内飼いのネコがトイレの砂箱以外の場所でしたりすることである．トイレのしつけに問題のあるネコのほとんどは，過去にいったんはうまくしつけられたことのあるネコなので，うまくいかなくなった原因を知る必要がある．砂箱の置き場所も重要で，餌の皿に近すぎると排泄したがらないことがよくある．尿によるマーキング（スプレー）は，家や部屋の入口，ヒトやほかのネコがよく通る家の中の通路でもっともよく起きる．家に持ち込まれた買い物袋や新しい家具にもスプレーされることがある．とくに雄ネコではマーキングのために頻繁に尿スプレーをするのが，通常の行動特性の1つであるので，防ぐのがむずかしいともいえる．そのほかの問題行動として，垂直あるいは垂直に近い面をひっかく行動（爪とぎ）は，なわばりマーキングなどのネコの1つの行動特性であるので，爪とぎ用の柱を設置するなどの対策が必要である．

　飼い主の愛着の過不足によって，問題行動が発生する．愛着が過剰な場合は，触ってもらおうとして鳴き続けながら飼い主の後をついて回ったり，飼い主と離されると興奮したり神経質になったりする．愛着が不足の場合は，飼い主との接触や近づくことを嫌うネコになるが，生まれつきの野良ネコで初期にヒトとの接触がなかった場合にそうなりやすい．異嗜という問題行動では，羊毛，木綿，合成繊維などの布を咬むものがもっとも多い．この行動の理由は明らかではないが，特定の品種によくみられることから，遺伝的要因も考えられる．またなんらかのストレスが原因とも思われる．

(2) 問題行動発生の要因

　問題行動の発生には多くの要因が関与しており，大きく分けると表4-11のように遺伝的要因，環境要因，および生理的要因になる．遺伝的要因としては，動物種（イヌかネコなど），そして品種があげられ，血統，気質，性別なども関係する．このうち品種によって行動特性に違いがあることを飼い主は十分留意しておく必要がある．イエネコでは純粋種の普及があまり進んでいないので，一般的には行動特性や気質の個体差が大きく関係するといってよい．純粋種の中では，たとえばシャムネコは活発で遊び好きだが，よく鳴き，物を壊すこともあるとされる．また，ペルシャはトイレを失敗する傾向が高いなどの評価が

表 4-11 問題行動の発生に影響を与える要因.

1. 遺伝的要因
   動物種, 品種, 血統, 気質, 性別
2. 環境要因
   発達期 (社会化期) の過ごし方, 飼い主との関係,
   飼い主の家族構成, 同居するほかの動物との関係, 飼育場所
3. 生理的要因
   生殖状態 (発情, 妊娠, 育子, 去勢, 避妊の有無),
   各種ホルモンレベル, 栄養状態, 病気, 疼痛・苦痛

ある．攻撃行動と尿スプレーは雌ネコより雄ネコに多いので，飼いネコの性別には十分注意しておくことが必要である．気質については，ヒトに対する友好性が重要であり，この性質は父性遺伝による部分が大きいといわれている (Turner *et al*., 1986).

環境要因はもっとも重要と考えられ，とくに発達期 (社会化期) の過ごし方と飼い主との関係は重要である．生後 2-7 週は感受期ともいわれ，子ネコが初めて聴覚，視覚および歩く能力を獲得した後の 5 週間であり，子ネコのその後の成長にとって重要である．飼育する動物をヒトが意図的に触ったり，抱いたりすることをハンドリングというが，社会化期のハンドリングは大きな意味を持っている．ハンドリングによって身体的発達を促進したり，動物のヒトに対する恐怖心を軽減する永続的な効果をもたらす．社会化期の子ネコの過ごす環境の中で少なくとも 4 人程度のヒトと会う機会が必要で，その後のヒトへの友好性に大きく影響する．この時期にほかのネコとも接触する機会が必要である．飼い主の態度については，飼い主がネコの本来的な特性を十分理解しないで，ネコに対して非現実的な期待をすることにより，問題行動を引き起こすことがある．また，ネコの飼い主はイヌの飼い主よりペットへの愛着が少ないといわれるが，一方でヒトと過度な接触を好まない傾向にあるネコに対して，必要以上の愛着を示す飼い主も問題となる．そのほか，飼い主の家族構成や，同居するほかの動物との関係，飼育場所などの環境要因も問題行動の発生に関係する．

生理的要因としては，そのネコの生殖状態 (発情，妊娠，育子，去勢，避妊の有無)，栄養状態や健康状態などが関係する．また，神経症的疾患として恐怖症や神経質という気質も関係する．これらは遺伝的な要因による部分もあるが，ストレス要因により引き起こされることもある．問題行動の症状としては，過

剰興奮，転位行動，常同性などを引き起こし，もっとも多いのは毛づくろいの過剰である．運動性の常同性はなんらかの葛藤やストレスが引き金になることが多い．ネコへのストレスの要因としては，なわばりの侵害，新しい環境への不慣れ，飼い主による罰，隔離状態，飼い主の態度の変化などがあげられ，それらをきっかけにして問題行動の発現へと進むこともある．

ネコに今までにない行動の変化が生じたきっかけとその行動について調査した結果が報告されている（永江，2011）．変化した行動としては，攻撃的なものがもっとも多く（31%），次いで性格の変化，常同行動，逃避，排泄，物を持ってくる，ほかのネコからのいじめ，走り回る，大声で鳴く，などがあげられている．攻撃変化における攻撃対象は，飼い主57%，同居ネコ22%，同居イヌ14%となっていた．行動変化のきっかけとしては，ネコまたはイヌの存在が半分くらいを占めている．攻撃的な行動変化については，発情期やスキンシップの過剰，怪我なども要因としてあげられていた．行動の変化が継続的な問題行動に結びつくとは限らず，あまり問題とならない行動の場合もあるが，なんらかのきっかけでネコの行動が変化することを示している．とくに，新しくネコかイヌを飼い始めたことがきっかけになることが多い．ネコまたはイヌの多くの個体を飼育している場合に，飼い主に対して攻撃的な行動が発生しやすいことも示されている．新しい個体の導入あるいはかなりの飼育数になる場合は，問題行動の発生に十分注意を払う必要がある．

(3) 問題行動の治療と予防

問題行動のみられるネコの治療においては，まず飼い主に動物の行動特性を理解してもらい，飼い主の意識や行動を変えてもらうことが必要となる．そして，それぞれの動物の反応を適切に把握し修正していくためには，飼い主とのかかわりを含めた個体ごとの詳細な分析を行う．問題行動の治療はカウンセリングが主体となり，飼い主に対して行動や環境の修正についての助言を行う．問題行動になんらかの疾患や傷害が関与している場合もあるので，獣医師による医学的検査も必要となる．実際の治療の方法は，去勢や爪の除去などの外科的治療，ベンゾジアゼピンなどによる薬物療法なども用いられるが，症例によっては行動の修正による行動療法が大きな意味を持つ．行動療法としては，ストレスを減じる方法，本能的行動をほかに向けさせる方法，報酬で修正する方法，

体系的除感作,飼い主の態度を変えるなどの方法が考えられる.治療がうまくいかない場合,できればその個体の安楽死は避けたいので,飼い主や環境を変えてやる試みも重要になる.イヌやネコの問題行動の治療は,近年アメリカやヨーロッパで飛躍的に発展している分野で,動物行動学の教育と専門家の育成が進んでいる.日本ではこれまで動物のしつけや訓練は,ほとんど大学での研究や教育の対象とはされてこなかった.最近では一部の大学で,応用動物科学系の教育カリキュラムの中でイヌやネコの行動学の授業が行われるようになってきた.

　問題行動の予防については,まずネコの正常な性格や行動の発達に重要な社会化期 (生後2-7週) に,ヒトとの触れ合い,開放的な環境でのほかのネコやよい環境との接触などが確保される必要がある.これについては,ブリーダーやペットショップの役割も重要である.飼い主の責任としては,室内飼いか屋外で飼うかによって考え方が異なるが,外に遊びに出られる状態にあれば,一般的にネコの生活の質は向上する.室内飼いの場合は,ネコの移動できるスペースを広く確保したり,高いところに登れるようにしたり,遊ぶグッズをおいたりしてやる必要がある.飼育するネコの数については,複数のネコがいる場合は,ネコは社会性を持った動物なので,ほかのネコが仲間として刺激を与えてくれるという利益がある.しかし,家庭内でのネコ間の攻撃の危険性は増す.飼い主はネコを飼い始める前に,子ネコの場合は社会化期をよい環境で育ったもの,成ネコの場合は前に育った家庭での状況や,野良ネコでは性格を含めた野良生活の様子などを十分精査したうえで飼い始める必要がある.また,ネコは自分の住家に固執する動物なので,家庭の引越しに際してはネコのストレスを軽減するように考えてやる必要がある.とくに神経質なネコについては,引越しの前にペットホテルに預け,新しい家で家具などが配置された後に連れてくるという予防策が必要といえる.

4.5　ヒトとイエネコの共通感染症

(1) 人獣共通感染症の現状

　人獣共通感染症 (ズーノーシス) とは,WHOによると「ヒトと脊椎動物との

間に伝播しうるすべての疾病あるいは感染症」と定義している.現在,動物由来でヒトに感染症を引き起こす病原体は約200種類ほど知られている.そのうち,公衆衛生領域でとくに問題とされるのは約50種類ほどである.発生の三大要因としては,病原体,宿主,および感染経路があげられる.感染症の発生には,ヒトと動物の数,その密度と接触機会の頻度および動物の移動性が関係してくる.最近,人獣共通感染症の発生を増長させている要因として,伴侶動物の増加と飼育形態の変化などが大きなものとしてあげられている.また一方では,世界的にみて鳥インフルエンザなどの新興感染症と呼ばれるものが増加してきており,その要因の1つとしてヒトの住環境への野生動物の接近が考えられる.

イヌとネコ由来の感染症は,狂犬病をはじめとして,ブルセラ症,トキソプラズマ症,エキノコックス症,イヌ・ネコ回虫症など十数種類が古くから知られている(表4-12).このうちもっとも重要なものは狂犬病で,世界的にはポピュラーな感染症として年間約3万5000人が死亡していると推定され,80%がアジア諸国で発生している.感染動物もイヌ以外にネコ,キツネ,スカンク,アライグマ,コウモリなどに広がっている.日本の人獣共通感染症の予防と行政対策については,1922年に公布され,その後改正された家畜伝染病予防法と,1950年に公布され,その後改正された狂犬病予防法,さらに検疫法が関連の法律として機能している.国際的にみて新興感染症や再興感染症が多発しており,とくに愛玩動物の輸入にともなう輸入感染症の侵入の監視と防御が重要事項となってきている.

表4-12 イヌ・ネコが感染源となる感染症(神山・高山,2005より改変).

原因病原体	病名
ウイルス	インフルエンザ,牛痘,狂犬病,ダニ媒介性脳炎,ムンプス(おたふくかぜ),リンパ球性脈絡髄膜炎
細菌	エーリキア症,エルシニア症,カンピロバクター症,結核,サルモネラ症,猫ひっかき病,パスツレラ症,ブドウ球菌症,ブルセラ症,ペスト,Q熱,レプトスピラ症
真菌	クリプトコックス症,スポロトリコーシス症,皮膚糸状菌症(輪癬,白癬)
原虫	アメーバ症,クリプトスポリジウム症,ジアルジア症,トキソプラズマ症,バランチジウム症
内部寄生虫	アライグマ回虫症,イヌ糸状菌症,イヌ・ネコ回虫症,エキノコックス症,鉤虫症,東洋眼虫症
外部寄生虫	疥癬,ノミ感染症

(2) ネコの人獣共通感染症

イヌやネコなどの愛玩動物の飼育の現状については，飼育数の増加とともに，室内で飼育されるものが多くなり，サッシ窓などで気密化された室内で動物と密接に接触する機会が増加している．ヒトの高齢化の進行も感染症にかかりやすい飼い主の増加につながっている（表4-13）．日本国内で愛玩動物から感染する病気は約30種類ほどで，その病原体は細菌，ウイルス，寄生虫など多くの種類の微生物である．そのうちとくに，猫ひっかき病，オウム病，パスツレラ症，トキソプラズマ症，サルモネラ症，イヌ・ネコ回虫症，皮膚糸状菌症（白癬症）の7種類に注意を払うよう呼びかけている（厚生労働省）．表4-14に福岡市と神戸市の医師会で調査された発生頻度の多い感染症を一覧で示した．ネコ由来の感染症で発生の多いのは，猫ひっかき病，皮膚糸状菌症，トキソプラ

表4-13 愛玩動物からうつる病気が増えた原因（神山・高山，2005より改変）．

1. 飼育される愛玩動物の数と種類の増加
   （少子化，核家族化，高齢化，単身世帯の増加，輸入動物の増加）
2. 室内飼育の増加
   （イヌ・ネコの室内飼育，冷暖房による室内の気密化）
3. 濃厚接触の増加
   （イヌ・ネコの伴侶動物化，小型犬飼育の増加）
4. 抵抗力の弱いヒトの増加
   （糖尿病・癌・免疫抑制剤投与などの病気を持つヒトによる飼育，高齢者による飼育）
5. 交通機関の発達
   （イヌ・ネコの移動の増加）

表4-14 愛玩動物からうつる病気の発症例数（内田，2001より改変）．

発症順位	病名	発症例数
1位	猫ひっかき病	126例
2位	オウム病	87例
3位	皮膚糸状菌症（白癬）	57例
4位	トキソプラズマ症	49例
5位	サルモネラ症	21例
6位	カンピロバクター症	18例
7位	クリプトコックス症	11例
8位	イヌ・ネコ回虫症	10例
9位	疥癬	5例
10位	パスツレラ症	1例

ズマ症で、そのほかにもパスツレラ症とQ熱にも注意する必要がある。このうちもっとも発生の多い猫ひっかき病は、ネコのひっかき傷や咬傷が原因で、リンパ節の腫れや発熱を起こす病気で、グラム陰性桿菌のバルトネラ・ヘンセレが原因菌である。愛玩動物からの感染経路としてはいくつかの経路が考えられるが、もっとも多く、重要な感染経路は咬傷で、1999年のアメリカの調査では、咬傷の原因動物の90%がイヌ、3-15%がネコで、咬傷から感染症の起こるリスクはイヌで3-18%、ネコでは28-80%となっている。このようにネコのひっかきや咬む行動がヒトへの感染症伝播の大きな原因になっていることがわかる。

(3) 感染症の予防対策

イヌやネコなどの愛玩動物からうつる感染症を予防するうえで飼い主が心がけることを表4-15に列挙した。ポイントになることは、病気についての正しい知識と適切な衛生管理、過剰なスキンシップをしないことと糞便や尿の処理などの飼育環境の清潔化が重要となる。とくにネコではひっかかれたり、咬まれたりしないことが重要で、その原因をつくらないことも必要である。ネコの寿命も近年長くなってきており、大事に飼えば12-13年くらいは生きるので、飼い主はネコとの長きにわたるよりよき共生を築くことも感染症予防には必要となる。人獣共通感染症は動物からヒトへの感染だけでなく、ヒトから動物への経路も考えられるので、動物との接触に際してはヒト側も十分な注意を払う必要がある。また、ヒトの病気が抵抗力の弱い動物にうつって原因となる微生物が大量に増殖し、再びヒトに返ってくることが問題となっている。これは再帰性共通感染症と呼ばれ、室内飼育の増加でヒトと動物の距離が近くなっている状況では、今後大きな問題となる可能性もある。

表4-15 愛玩動物からうつる病気の予防（神山・高山，2005より改変）．

1. 飼育している動物の病気についての正しい知識を持つ．
2. 飼育動物の健康診断を定期的に受け，寄生虫の検査やワクチン接種を受ける．
3. 飼育動物によるひっかきや咬傷を受けないように注意する．
4. 寝るときに布団の中に入れたり，口移しに食べ物を与えるなどの過剰なスキンシップをしない．
5. 飼育動物とその飼育環境を清潔に保つ．
6. 飼育動物の糞便や尿などの排泄物は適切速やかに処理し，その後必ず手を洗う．
7. 飼い主自身も健康状態に注意する．

5 ヒトとネコの関係
──歴史と文化史

5.1 歴史の中のネコ

(1) 古代エジプトのネコ崇拝

　古代エジプト人は農耕民で，穀物を食い荒らすネズミに悩まされていた．住居の近くに現れたヤマネコがネズミを捕食してくれるのを知って，多くのヒトがこのヤマネコを飼育するようになった．そして，人々は国中で広くこのヤマネコを礼賛し，神聖なものとして昇格させていった．立派な青銅製のネコの神像が第6王朝時代（紀元前2600年ごろ）につくられ始め，紀元前760年ごろには等身大のものも現れた．とくに，バステートという愛の女神の像は，等身大で頭はネコで首から下は優美な女性としてつくられている（図5-1）．ネコが死ぬと，未来の命を保証する目的でミイラにして立派な棺に入れた．最大のネコの埋葬場所は，最初はエジプト中部のベニ・ハッサンであったが，後にブバスティスという町に移り，この町にバステート女神が祭られネコの聖地となった．

図5-1　バステート神像（古代エジプト）．

この町でおびただしいネコのミイラが発掘されている．

　イエネコという形では，古代エジプト以前に飼われたという形跡がないので，ネコがエジプトで最初に飼われたのはまちがいがない．古代エジプトでは最初農民によって飼われ，第5王朝期（紀元前2750–2625年）には首輪をつけたネコが描かれ，第6王朝期（紀元前2600年ごろ）には王の墳墓でネコの像が発見されている．本格的に飼われ始めたのは，豊作の続いた紀元前2000年ごろからで，ネコ崇拝は第12王朝期（紀元前1991–1786年）に始まったとされる．古代エジプトではネコの虐待が禁止され，たとえ過失でもネコを殺した者は死刑か追放，あるいは終身刑にされた．王ファラオはネコの輸出を厳禁し，そのためエジプトのネコは長い間，門外不出の動物となった．しかし，ネコの密輸により少しずつ国外に出ていったと思われる．紀元前525年にペルシャがエジプトを征服したときに，数多くのネコがペルシャに持ち去られた．また，エジプトが滅んだ大きな原因の1つに，その後のペルシャのエジプトへの攻撃でペルシャ軍が多くのネコを盾代わりにしたので，エジプト人が攻撃できなかったことがあげられている．

　ネコ崇拝はエジプト以外でも，エジプトほどではないにしてもみられる．ギリシャ神話やローマ神話などで女神とネコが関連づけられて記述されている．ネコはまた，ケルトや北欧の習慣・民話，初期のキリスト教信仰にも登場している．しかし，ネコは生殖・豊穣と結びつけられる一方で，残忍性の象徴ともされ，さまざまな宗教でネコは不実と悪に結びつくことになる．ネコを大切にしている宗教も存在し，イスラム教では預言者マホメットに関連する数々の物語の中にネコが登場し，現在でもネコはモスクへの出入りが自由となっている．また，ヒンドゥー教とパールシー教では，すべての生物を大切にしており，とくにパールシー教ではネコ殺しは重罪であった．仏教では当初ネコは保護すべき動物の中に入っていなかったが，現在ではすべての動物と同様，ネコも涅槃に達することができるとされている．

(2) ヨーロッパ，アメリカへのネコの移動

　地中海東岸のパレスチナでは，古くからエジプトとの交流があったと思われ，紀元前1700年ごろの古い時代のネコの象牙彫刻がみつかっている．パレスチナの人々はネコを飼わなかったので，これは交易のあったエジプト人の所有物

と考えられる．また，エーゲ海をエジプト人が交易で行き来していたので，クレタ島を介して珍奇な動物としてギリシャにも古くからネコが持ち込まれていたものと思われる．ギリシャではネコを示す大理石のレリーフがいくつかみつかっている．さらにネコがヨーロッパ大陸へ移入されたのは，エジプトを支配したローマを通じての1世紀ごろと考えられる．そして，ローマ人はローマ帝国の勢力拡大によって，ネコを中央ヨーロッパ，西ヨーロッパ，北部ヨーロッパへとヨーロッパ各地に広めていった．放し飼いされたネコは野生のヨーロッパヤマネコと交雑する機会も多かったと考えられ，各地に広まる過程で多様な形質を持ったネコがつくられていったものと思われる．ヨーロッパに入ったネコは，ネズミの害を防ぐ貴重な動物として重宝され，急速に普及していった．現在でもフランスのシャルトリュー，イギリスのブリティッシュ・ショートヘア，北欧神話にも登場するノルウェージャン・フォレストなど古い歴史を持つ品種が存在している．

　北米大陸には，ネコは16世紀以後にイギリスから持ち込まれた．ネズミの害を防ぐために持ち込まれたが，そのころヨーロッパで起きていたネコへの迫害もアメリカへ移入された．アメリカに渡った古いネコの代表格はアメリカン・ショートヘアで，1620年にイギリスの清教徒たちがアメリカに連れていったネコが祖先であるといわれている．メイン・クーンもアメリカでは古いネコである．中南米ではメキシコやペルーでネコが崇拝されていた時代があり，インカ文明でもネコの神像がみられる．これらはジャガーやピューマの大型ネコと思われ，作物を食い荒らす中小の動物を退治してくれるため崇拝していたものと考えられる．

(3) 東方，日本へのネコの移動

　中東諸国にはペルシャによってネコが広められた．さらにアジアに移動する過程で野生ネコのジャングル・キャットとの交雑が起こり，アジア特有のネコができたと考えられている．有名なペルシャネコは，ペルシャに古くから飼われていたネコで，現在のアフガニスタンが原産地と考えられている．インドにネコが入ったのは紀元前500年以降で，マヌの法典（紀元前200年-西暦200年ごろ）の全12章のうち，第4章と第12章にネコのことが記述されている．インドでもネコはネズミ捕り用として飼われた．しかし，一方でネコは貪欲で，

偽善で，陰険だとして嫌われもした．東南アジアには太古の時代から土着のヤマネコがいたが，一般のイエネコが増えたのは，ヨーロッパ人が植民地政策でネコを西洋から持ち込んでからである．タイにはシャムネコという有名なネコがいるが，このネコは船で運ばれてきたエジプトのネコと野生のマレーネコとの交雑でできたといわれている．シャムネコは，長い間門外不出の宝として，宮廷や寺院で大切に飼われていた．19世紀末になって，ヨーロッパに紹介され爆発的人気を呼び現在に至っている．中国へネコが運ばれたのはおよそ2200年前とされている．仏教の経典をネズミの害から守るためにインドから輸入したという説と，シルクロードをインドに向かわないで途中から中国のほうに向かい，直接運び込まれたという説がある．

日本には，ネコは1200–1300年ほど前，8世紀の奈良時代に中国から運ばれてきたとされる．船に積まれた仏教の経典とともに，それをネズミの害から守るために運ばれてきたと考えられる．最初の経典の渡来は，奈良時代の初めの和銅3 (710) 年であるので，そのときにネコも最初に渡来したと思われる．一方で長保元 (999) 年に経典とともに最初に渡来したという説もある (唐ネコ)．そのうち何度も運ばれてきたネコたちがしだいに繁殖したものと思われる．それ以前には日本にイエネコは存在していなかったと考えられるが，青森県の縄文時代後期の貝塚から，南アジア系の飼いネコの頭骨の一部が出土している．これはおそらく南方からきたヤマネコか，あるいは日本のヤマネコが飼われていたものと思われる．日本には現在も2種のヤマネコが生息しているが，イエネコと交雑した形跡がないので，日本のイエネコははるか遠くのエジプト由来のネコと考えられる．日本には中国渡来の唐ネコ，あるいはそれ以前に朝鮮半島経由で入ってきたいわゆる「和ネコ」が存在していた．日本のネコは長い間隔離されていたので，エジプトあるいは大陸のネコとは形質的に異なるニホンネコとして定着してきたと思われる．明治以降，短尾のネコが欧米人に注目され，その後ニホンネコの血筋を導入した短尾の優美なネコ品種がアメリカで作出された (ジャパニーズ・ボブテイル)．

(4) ネコの受難の時代

ヨーロッパの中世は暗黒時代といわれているが，ネコにとっても苛酷な受難の時代であった．西暦1500年の前後400–500年ほどの間は，恐怖の「魔女旋

風」が吹き荒れた時代であった．魔女旋風は13世紀のフランスから吹き始め，1736年にカトリック教会が魔女狩りに関するすべての法律を廃止するまで続いた．魔女の歴史は古く，旧石器時代の洞窟壁画にもみられるが，ヨーロッパの中世ではこれが一気に噴き出した．当時ローマ法王を頂点とする世界教会（カトリック教会）の堕落を糾弾すべく，先駆的な宗教改革者が多く立ち上がった．こういう改革者は教会からみれば異端者であり，それらを抑え込むための異端討伐と残虐な異端弾圧が始まり，異端審問制度を成立させた．そして，いつの間にか異端者の中に魔女が混入され，1318年に残忍なヨハネ22世によって魔女狩り裁判解禁令が発布された．伝説的な「古い魔女」の時代は終わり，悪名高い「魔女狩り」が始まった．この魔女狩りは異端者（異教）を摘発することにつながり，女だけでなく男の異端者は魔法使いあるいは悪魔とされた．また，いろいろな動物が魔女の手先あるいは仲間として処分され，とりわけネコは魔女が飼う動物として猛烈に嫌われた．そして，1484年に教会は突然ネコを敵とみなし，その後数百年の間ネコの虐待を続けた．魔女狩りはヨーロッパだけでなく，大西洋を越えてアメリカにまで広がり，最盛期の1692年には，マサチューセッツ州のセーラムで150人が裁かれ，20人が処刑された．

　ネコは陰湿で，夜行性で，音も立てずに忍び歩き，暗闇の中で眼を光らせる．これらの特性からネコを魔性のものと考え，中世の修道僧たちが出したネコについての結論は，ネコは「悪魔の，鬼畜の，サタンの手先」というものであった．サタン（魔王）はときどき黒ネコに化けるというので，とくに黒ネコが嫌われた．毎年決まった日に魔女狩りが行われるのが習わしとなり，その日には多数のネコを捕らえて皆殺しにした．

　フランスでは，毎年6月24日のセント・ジョーン寺院の祭日に，捕らえたネコを篝火の中に放り込んだという．1344年にはフランスで舞踏病が大流行し，その元凶として多数のネコが火あぶりにされた．オランダでは，「ネコの水曜日」が設けられ，たくさんのネコが高い塔から投げ落とされ処刑された．この「ネコの水曜日」は，19世紀の終わりごろまで続けていた都市があった．図5-2にこの残酷な処刑の様子を描いた絵を示した．また，図5-3に魔女にしたがうネコの様子を描いたものを示した．現在でもベルギーのイーブルという町では，3年に一度「ネコ祭り」という奇祭が行われているが，ネコの行列のパレードとネコのぬいぐるみを鐘塔から投げ落とすショー的なものである．中世

図 5-2　ネコの絞首刑（ロンドンの版画）．

図 5-3　魔女とお供のネコたち（テオフィール・スタンラン）．

から近世にかけて，黒死病のペストが西洋で猛威を振るったが，これはネコを殺しすぎてネズミがやたらに増えたためであるとか，ネコの祟りだとか後世になっていわれている．黒ネコは不吉だという迷信的な感情は，現在のヨーロッパ人の心の中に残っており，中世の魔女狩りの名残ともいえる．

5.2 芸術の中のネコ

(1) 西洋美術に登場するネコ

　中世の終わりまでの初期の西洋美術にはネコが描かれることは少なく，描かれたとしても背信や悪の象徴であった．ネコが古い宗教と結びついていたので，キリスト教会に嫌われていたことが原因である．ネコが描かれた数少ない絵画としては，ジルダンダイオ（イタリア，1449-1494）の『最後の晩餐』，テイントレット（イタリア，1518-1594）の『受胎告知』などがあるが，裏切りや邪悪を意味していた．バッサーノ（ベネチア，1517-1592）の『箱船に乗る動物たち』では自然な姿のネコ2匹が描かれている．デューラー（ドイツ，1471-1528）は木版画『アダムとエヴァ』でネコを性と悪の象徴として，ヒェロニス・ボス（1450-1516）は『聖アントニウスの誘惑』で魔物のネコを描いた．18世紀が近づくにつれて，ネコと悪魔を関連づける思想は衰退していった．ジャルダン（1699-1779）はネコを悪魔のシンボルというよりも，泥棒や大食漢として描いた．また，ホガース（イギリス，1697-1764）は『残忍の場面』で冷たい仕打ちを受けるネコ（犠牲者）を描いた．18世紀以前においても，レオナルド・ダ・ビンチ（1452-1519）は，そのスケッチの中で写真のような精緻なネコ，あるいは空想的なネコなどを描いている．

　18世紀になると，ヨーロッパの芸術家たちが宗教，神話，歴史という古い主題を離れて日常生活を描くようになり，ネコもその中に姿をみせ始めた．すなわち，家族としてかわいがられる「愛ネコ」の姿が描かれ始めた．代表的なものとして，ホガースの『グレアム家の子供たち』，スタッブス（1724-1806）の『アン嬢の白猫』があげられる．フランスでは，ワトー（1684-1721）とフラゴナール（1732-1806），イタリアでは，ティエポロ（1696-1770）がそれぞれ満ち足りた表情のネコを描いた．ゴヤ（1746-1828）は少年の肖像画『ドン・マヌエ

ル・オソーリオ・デ・スニガ』で3匹の丸々としたネコを描いた．しかし，ダ・ビンチのような写実的なネコは皆無に近く，リアリズムが再び確立されるのはフランスの画家で自然主義者のジャン・バティスト・ウードリー（1686–1755）が登場してからである．

19世紀にミント（スイス，1768–1814）が愛猫の水彩画と精密なペン画，ロナー（オランダ，1821–1909）は子細に観察したネコの絵，そしてスタンラン（スイス，1859–1923）はいきいきとした動きのネコの多くのイラスト画を残している．また，ネコが官能の象徴として描かれることも多く，とくにルノワール（1841–1919）は『マダム・ジュリー・マネ』（図5-4），『猫を抱く女』，『猫と眠る女』などの作品の中で，遊び好きで活力にあふれ，かつ官能的なネコを描いた．

アメリカでは，18世紀始めから150年にわたってフォークアートがアメリカ絵画の主流であったが，フィリップス（1788–1865）はイヌとネコの登場する絵を多く描き，アメリカ初期の移民家庭の強い絆と落ち着いた雰囲気を鮮やかに

図5-4 マダム・ジュリー・マネ（ルノワール）．オルセー美術館蔵．

映し出した．西洋美術はもはやネコが異教や悪魔と結びつけられることもなく，美と平和の象徴となった．

(2) 東洋美術に登場するネコ

　古い時代の中東地域ではネコの絵はほとんどみられず，小さな像，タイルに描かれた絵，ネコの形をした瓶や箱がわずかに残っているだけである．14世紀になると，オスマン朝の芸術家が民話やコーランの場面を描いた絵を残し，その中にネコが描かれることもあった．インド芸術にネコが登場するのは，ネコに乗る豊穣の女神などの宗教的な彫刻や絵画の中である．インドではネコは高い地位や富を象徴しており，伝統的な民芸品，肖像画，静物画，動物の観察記がそのことを示している．タイでは，ネコは崇められ，さまざまな毛色や姿のネコが描かれている．『キャット・ブック・ポエムズ』は，多くの古いネコが登場する写本で世界的に有名である．ネコが中国美術に浸透するのは，宋朝時代（960-1279年）になってからである．インドと同様，地位の象徴として宮廷に飾られた肖像画に描かれている．中国美術のネコはじつに写実的で，庭の花の間で戯れる子ネコたちの絵などが有名である．1500年代にはネコはたびたび七宝焼の主題となった．

　東洋美術では同時代の西洋美術と比較して，一般的にネコの姿がいきいきと忠実に描かれている．また，三毛ネコが多いのはこの毛色が広く好まれていたものと思われる．

　日本美術ではネコが1000年近く前から掛け軸の絵や陶器，ブロンズや象牙細工の主題として人気があり，1700年代以降にはさらに一般的になった．中国やヨーロッパと同様に，ネコは悪霊と関連づけられ，二股の尻尾を持つ怪猫（猫股）などがよく描かれた．日本の絵画や木版画に登場するのは，多くの場合は現在のジャパニーズ・ボブテイルのような三毛ネコであるが，古い作品では長い尻尾のネコが描かれた．18世紀から19世紀にかけて，短い尾の白いネコが主流になっていった．

　日本美術でネコが多く描かれたのは浮世絵で，歌麿（1753-1806）や湖龍斎（18世紀後半）に始まり，安藤広重（1797-1858）や歌川國芳（1797-1862）に至るまで，多くの画家が西洋美術にはない写実的なネコを描いている．歌麿は美女のお供，広重は名所江戸百景などでいきいきとしたネコを描いた．とくに國

図5-5 江戸時代の岡部の宿の怪猫（歌川國芳）．個人蔵．

図5-6 山海愛度図会ヲゝいたい（歌川國芳）．個人蔵．

芳は，もっとも鋭い観察力で正確にネコを描いた画家として有名である．有名な國芳の作品は，東海道五十三次の木版三部作で，宿場ごとに看板となるネコが描かれている．そのほとんどが短い尾のブチネコであるが，トラネコや1色のネコ，尻尾が2本の化け猫も登場している．國芳のほかの作品でも，ネコは重要な役割を担っており，歌舞伎の芝居絵に登場する怪猫や化け猫にもネコの特徴が生かされている（図5-5）．役者や貴人，花魁の肖像画にもネコがよく登場する．國芳は若い女性の絵の技術だけでなく，獲物を捕らえるネコの本性を鋭く描写しており，東洋美術の傑作といえる．図5-6は國芳が浮世絵美人と愛猫の微笑ましい姿を描いたものである．

(3) 近代美術に登場するネコ

　20世紀に入ると芸術はリアリズムから離れ，さまざまなスタイルのものが誕生した．現代絵画の題材としてネコの人気は衰えず，ドイツ表現主義からポップ・アートまで，あらゆる流派に属する画家たちが，絵画に，版画に，立体的な像にネコの姿を残した．スタイルが伝統的であれモダンであれ，ネコをテーマにした作品はつぎつぎと制作されている．初期の画家では，イギリスのダウェン・ジョン（1876-1939），日本人画家藤田嗣治（1886-1968），そしてその後イギリスのキャリントン（1917-），ウォーホル（1928-1987）などがネコの魅力にとりつかれ，多くの作品を残している．ドイツでは表現主義の初期の作品として，マルク（1880-1916）はネコなどの動物と自然の光景を主題に選んだ．スイスのクレー（1879-1940）は空想的な風景の中でネコを描いた．図5-7は藤田嗣治の描いた裸婦とネコの絵である．

　芸術運動の新しい流れとしてキュービズムが発展したが，それにはピカソ（1881-1973）の功績が大きい．ピカソもまたネコの絵を描き，獲物に忍び寄るハンターとしてのネコが彼の創作意欲をかき立てた（図5-8）．つぎに無意識の世界を探求するシュールレアリズムが現れ，ミロ（スペイン，1893-1983）の『テト』（白い猫）では空想的で奇怪なネコが描かれた．シャガール（1887-1985）はおとぎ話のようなノスタルジックな画風を生み出し，1990年代にはネコが数多く登場する『ラ・フォンテーヌ寓話』の挿絵を描いた．第二次世界大戦後，ポスターやギフトブック，収集用の飾り皿など，商業芸術に進出する芸術家が増えてきた．前述のウォーホルもその1人であった．イギリスのルマン（1934-）

図 5-7 タピスリーの裸婦（藤田嗣治），京都国立近代美術館蔵．

図 5-8 鳥を捕らえる猫（ピカソ），国立ピカソ美術館蔵．

はおしゃれなネコを描いた数々の本を著した．スコットランドのブラッカダー (1931-) は愛猫を日常生活の主題の中に取り入れた絵を描き人気があった．とくにネコが登場する肖像で有名なのは，イギリスのホックニー (1937-) の『クラーク夫妻とパーシー』で，デザイナーのクラークの膝の上のネコ（パーシー）が描かれている．

　近代のネコが登場する絵画の特徴は，「女性と映っている」絵が多いことである．ネコの気まぐれな性格が人間の女性と重なる点があるためと考えられる．この時代になると，ネコはすっかり愛玩動物として世に浸透しているが，祖先から引き継がれた狩猟能力は近代の絵画でも，獲物をくわえた姿として描かれた．このネコの野性的な面もネコの魅力として感じていたと思われる．写実的な絵画では愛玩動物として愛らしい姿で描かれることが多いが，魔物や裏切りの象徴というような姿ではないとしても，ミステリアスなキャラクター像は変わらずに主題の1つとなっている．

(4) 文学作品に登場するネコ

　イエネコは古い文学ではあまり登場せず，童話などの児童文学やことわざの常連であった．19世紀に入るとネコの人気が高まり，文学作品の題材として取り上げられるようになり，ネコを主人公とした作品も生まれた．魅力的で神秘的なネコは，多くの作家によって小説，随筆，詩などに取り入れられた．ネコ好きの作家がネコにまつわることわざや格言を残している．代表的な人たちとしては，カナダの小説家デービス (1913-1995)，『ジジ』を著した小説家コレット (1873-1954)，1953年にノーベル文学賞を受賞したイギリス首相チャーチル，ゴーチェなどである．このうちゴーチェは，「ネコは毛皮をまとった芸術愛好家だ」という簡潔な格言を残している．ネコと一緒に写っている多くの写真を残したのは，アメリカ人作家クレメンズ (1835-1910) である．ネコについての作品を残した詩人としては，イギリスの詩人スマート (1722-1771) がおり，そのほか有名な詩人のワーズワース，ボードレールなども愛するネコをほめたたえる詩を残している．アメリカの作家マークウィス (1878-1937) は，ゴキブリとネコの冒険を小文字だけで綴った詩を残している．

　多くの作家が自分とネコの関係をもとに傑作を生み出しており，チェーホフ (1860-1904) は伯父の子ネコに対するネズミ捕りのしつけの失敗話を物語とし

て書いている．コレットは短編小説『牝猫』で作者の実生活での男性関係に似た設定による物語を書いた．マンロー (1870-1916) は，話す能力を与えられたネコがネコらしく無関心な態度を装いながら，上流社会のパーティで人々を辛らつに揶揄する姿を描いた．ネコはミステリー作品にも現れており，20世紀初頭オーストラリアの小説家ブースビーは，名探偵と黒ネコを主人公に探偵小説を書いている．セイヤーズ (1893-1957)，アメリカのブラウン，ドイツのピリンチらもネコの登場する探偵小説を書いている．このうちブラウンは，シリーズ小説の中で才能あふれるシャムネコの探偵が事件の真相を探る物語で，人気を博した．SFの分野では，ウェルズ (1866-1946)，チェリィ，ハインラインなども彼らの作品にネコを登場させている．1980年代に出版社が「猫モノ」を大いに売り出してから，その数が供給過剰気味に増加した．

日本の文学作品については，古くは『源氏物語』，『枕草子』，『更級日記』，『明月記』，『徒然草』などの古典作品にネコが登場する記述がみられる．現代作品の中では，宮沢賢治の童話の中にネコがよく登場する．『注文の多い料理店』，『セロ弾きのゴーシュ』などの有名な話の中にネコが登場している．谷崎潤一郎の『猫と庄造と二人のおんな』は，庄造の飼っているネコのリリーと先妻，後妻の関係を描いた小説である．内田百閒の小説『ノラ』では，内田家で野良ネコを助けて飼っていたところ行方不明になり，その後の家族の悲しみを綴っている．百閒はそのほかにもネコの登場する小説をいくつか書いている．夏目漱石は有名な小説『我輩は猫である』でネコから眺めたヒトの様子を書いている．寺田寅彦の随筆集にもネコが登場する．そのほか，短歌，俳句，詩の中にもしばしばネコが登場している．

童話の中には，18世紀になってネコが登場するようになった．童話では，ネコの生態を正しく描写し，子どもがネコの行動を理解する助けとなるものもあるが，大半がフィクションで，子どもを楽しませることを目的としている．神秘的で不思議な力を持つネコの物語は世界中で広く読まれ，ネコが童話に欠かせないキャラクターとなっている．カルロ・コルローディ (1826-1890) は『ピノッキオの冒険』の中でネコにヒトの偽善的行為を象徴させている．ラドヤード・キプリング (1865-1936) の『ひとり歩きするネコ』では，イエネコの生態がよく描かれている．童話作家ビアトリクス・ポター (1866-1943) と挿絵画家ルイス・ウェイン (1860-1939) は，動物のキャラクターを擬人化して人気を集

めた．20世紀半ばになって，アメリカのキャスリーン・ヘイル（1898-2000）が自分の愛猫たちをモデルにして，新しいネコのヒーローを児童文学に登場させた．とくにレッドタビーのオーランドの冒険は18冊のシリーズとなり，ユーモアあふれる物語と独特のイラストにより児童文学の古典として人気を博した．この後，ネコが主人公の物語は勢いを失い，めずらしい動物，想像上の生きものに人気が移っていった．詩の中でもネコが登場し，イギリスのエドワード・リア（1812-1888）の『フクロウと子猫ちゃん』，エリオット（1888-1965）の『おとぼけおじさん猫行状記』は有名である．童話ではネコは古くから魔法や妖術と結びつけられてきており，ルイス・キャロル（1832-1898）の『不思議の国のアリス』では耳まで裂けそうなニヤニヤ笑いを浮かべるネコを登場させた．児童を対象とした作品としては絵本も大きなジャンルを占めているが，絵本の世界では日本，海外の作品ともに，ネコが擬人化されたものと動物的に描かれたものがほぼ同じ割合でみられる．

(5) 漫画，娯楽作品に登場するネコ

イエネコは風刺やユーモアを表現する手段として理想的な存在であり，政治や社会に対して辛辣なコメントをする漫画やネコとヒトの行動がいかに似ているかをみせる漫画などによく登場している．古いものでは，古代エジプトの支配階級を揶揄したものが多くあるパピルスや石灰岩に描かれた「漫画の猫」がある．ロシアでは漫画『カザンの猫』でピョートル大帝をネコに変身させている．西欧ではビクトリア朝に入るまでは，ネコはしばしば擬人化され風刺画に登場している．ルイス・ウェインが漫画風に描いた洋服を着たネコは高い人気を誇っている．パリの芸術家スタンランは飼っていたネコをモデルにさまざまな広告用ポスターを制作している．

日本では，江戸時代の安藤広重（1797-1858）の擬人化したネコは人間の行動や感情を表現するだけでなく，ネコらしさも持ち合わせていた．現代日本の人気漫画には西欧の影響が強く感じられ，『ドラえもん』のロボットネコや『美少女戦士セーラームーン』に登場する天から降りてきたネコはそのよい例である．

20世紀に入ってからは，アメリカの漫画家ヘリマン（1880-1944）の作品『クレイジー・キャット』の生意気でイタズラなネコ，メスマー（1892-1983）の作品『猫のフェリックス』のたくましいネコはとくに有名である．これらの作品

は後にアニメ化され，その後の人気アニメのさきがけとなった．そのほかにも多くのベストセラー作家が登場したが，もっとも成功したのはデービス(1945–)で，だらしなく気まぐれで，つむじ曲がりの大食漢ネコのガーフィールドを生み出した．

1970年代のネコの登場する日本の漫画で「異者としての動物」を描いたものとして，大島弓子の『綿の国星』がある．この中で，描かれる子ネコはネコ耳以外にネコ的特徴がなく，絵の中でヒトとの区別はできない．服を着て二本足で立ち，ヒトの言葉を語るという異質なネコ像を描いている．

ネコは映画やテレビに登場するとしても，イヌのように主役になることは少なく，一世を風靡したこともないといえる．しかし，広告の世界ではイヌとネコはほぼ同格である．映画にはかなり古くからネコが登場しており，1958年の『媚薬』のシャムネコは最優秀動物演技賞を受賞しており，『ティファニーで朝食を』(1961年)ではオレンジの縞ネコが登場する．また1963年の『三匹荒野を行く』では，2匹のイヌと1匹のネコが荒野を旅して家に帰る小説が映画化された．そのほか，『ハリーとトント』(1973年)，『ローズ家の戦争』(1989年)でもネコが大きな役割を果たしており有名である．ネコはその特性からホラー映画によく登場するが，『スーパーマン』(1978年)や『エイリアン』(1979年)などのSF映画でのネコはよい役を演じている．

舞台やテレビでは，ネコの役は人間によって演じられることが多く，1950年代のテレビ『バットマン』シリーズ，1980年代から90年代にかけてのミュージカル『キャッツ』が人気を博した．

アニメ映画にもネコはよく登場し，『クレイジー・キャット』にネコが初めて登場した後，サリバンとメスマーの『フェリックス』は1920年代の絶頂期に大きな人気を得ていた．その後1930年代後半の『トムとジェリー』，1960年代のテレビシリーズ『トップ・キャット』も人気があった．最初の長編アニメ映画は1960年代のワーナー・ブラザースの『ゲイ・バーレ』で，続いて1970年代にウォルト・ディズニーの『おしゃれキャット』，1972年に漫画からアニメ化され，大胆な性描写のある『フリッツ・ザ・キャット』が制作されている．そして，その後は悪夢のような都会のネコなど，脇役として登場することが多くなった．

広告にはネコがよく登場するが，その理由としてネコを飼うヒトが増えたこ

とと，ネコは記憶に残りやすいことがあげられる．ネコは清潔さと官能性を暗示しており，また暖かさ，美しさ，気まぐれ，優美さなどの「女性」の特性に分類されるものを表すのに理想的と考えられている．

5.3 民俗誌の中のネコ

(1) 日本の民話に登場するネコ

各国，地域における民間伝承などを記述したものが民俗誌で，とくに民話と呼ばれるものがあり，民話は厳密には昔話と区別されている．広義の民話には，昔話，世間話，伝聞実話，俗信，迷信などが含まれる．日本にも多くの民話が残っており，東京農業大学の卒業論文研究でネコが登場する主要な民話について調査した報告がある（菊池，2010）．ネコは民話の中で，邪悪な性質を持った動物として登場しているものがもっとも多く（表5-1），一方で恩に報いたネコとして登場する場合もかなりみられる（表5-2）．そのほか魔性的特性を持つネコの話では，仇討ちをしたネコ（化け猫騒動），不思議な力を持ったネコの話も多くみられる．ネコの神性的特性が表れているものとしては，御利益をもたらすネコや神秘的なネコにかかわるものが多くみられる（表5-3）．

表5-1から表5-3の話は年代的には，古くは西暦800年ごろから1900年代までの話を含んでいるが，つくられた年代が明らかでないものが大半である．記載されている主要な文献は，古いものでは『明月記』，『大和怪異記』，『古今著聞集』，『日本霊異記』，『徒然草』などがあり，新しいものとしては江戸時代の著書が多い．多くの民話がいつごろつくられたかわからず，伝えられてきているものと考えられる．

民話の中のネコで多く登場し特徴的なのが，化け猫である．一番古い化け猫は『明月記』に登場し，鎌倉時代に奈良で猫股が現れた話である．最近のものでは，明治の末に九州で葬列が化け猫に襲われた話があり，長い間化け猫の話が綴られてきた．日本では化け猫の存在が身近であったと考えられ，そのイメージからネコが忌避されていた時期があったかもしれないが，とくにその記述はみあたらない．飼育されていたネコの化けた話は，平安時代の『宇多天皇御記』で一番古いものがみられる．江戸時代には古ネコの尻尾が二股に分かれ化け猫

表 5-1 邪悪な性質を持ったネコの民話（菊池，2010 より改変）．

記述内容	地域	出典
最初の猫股	奈良県（南都）	明月記
雲洞庵の火車退治	新潟県（三郎丸村）	北越雪譜
死人を繰る	千葉県（栗ヶ沢村）	反古風呂敷
酒好きになった老母	群馬県（上野）	想山著聞奇集
猫魔ヶ岳の主	福島県猫魔ヶ岳	注1)
筑後の怪猫	福岡県（筑後）	大和怪異記
ネコの毛が生えた男	東京都（江戸）	行脚怪談袋
アイヌの怪猫	アイヌ（北海道）	注3)
宝刀を奪ったネコ	京都府（嵯峨）	古今著聞集
猫またについて	不明	安斉随筆
治療法	不明	本朝医談
修行僧が退治した化け猫	新潟県普行寺	注1), 注3)
長女（にょこ）の山猫退治	男の島の東の七郎三郎	椿説弓張
口からはえたカボチャ	沖縄県	琉球の自然と風物
クヮシャ	九州	注2)
猫と狩人	不明	猫と狩人
幸運のネコが化け猫に	福島県石宮の猫魔観音	注1)
夫に化け，妻に化けたネコ	福井県袋羽明神	〃
左甚五郎を襲った化け猫	山形県	〃
化け猫を弔った猫塚	香川県猫塚	〃
ネコが修行する山	熊本県根子岳	〃
ネコになる館	熊本県根子岳	〃
虎のような獣	和歌山・三重県（紀州熊野）	新著聞集
悪夢をみせるネコ	和歌山県（西坂本・誠証寺）	続蓬窓夜話
巨大な山猫に追われた男	茨城県（常州太田）	甲子夜話
老母に化ける	不明	兎園小説
母に憑いたネコ	東京都（駒込）	耳嚢
大ネズミを退治した猫股	長野県（信州上田）	朝野雑載
老人に胸を押される	岡山県（美作）	醍醐随筆
乳児に化けたネコ	福島県（奥州白河）	倭訓栞
猫魔ヶ岳の猫股	福島県猫魔ヶ岳	注4)
大猫の足跡	新潟県（阿弥陀峯）	北越雪譜
真黒の獣	新潟県（桑取村）	注4)
たたいても死なないネコ	東京都（八丈島）	伊豆七島風土細覧

注1) 猫神様の散歩道（八岩，2005）．
注2) ネコの博物誌（實吉，1988）．
注3) ねこ――その歴史・習性・人間との関係（木村，1966）．
注4) 猫の歴史と奇話（平岩，1992）．

表5-2 恩に報いたネコの民話（菊池，2010より改変）．

記述内容	地域	出典
主人を守ったネコ		
遊女薄雲のネコ	東京都（吉原）	江戸著聞集
娘に魅入った大ネズミ	大阪府	田家茶話
住職を守ったネコ	静岡県（遠江）	閑窓瑣談
仲間と古ネズミを退治	岩手県正法寺	注1)
娘を大蛇から守ったネコ	岐阜県高山陣屋の猫石	注1)
捨てられても帰ってきたネコ	京都府（岡崎）	松下庵随筆
男の主人を助けたネコ	不明	退閑雑記
蛇から娘を守ったネコ	不明	花月草紙
ネコの恩返し		
佐渡おけさ	新潟県（佐渡）	注2)
茶釜のふたでネコ踊る	埼玉県少林寺	注1)
満月の夜にネコ踊る	京都府称念寺	注1)
枕元の卵	宮城県青龍寺	注3), 注1)
今戸焼きの招き猫	東京都今戸神社	武江年表
葬列を襲った嵐	岩手県福蔵寺	注1)
和尚のために遺体を奪ったネコ	埼玉県昌福寺	注1)
小判猫	東京都回向院	宮川舎漫筆
井伊直孝の葬列を襲ったネコ	東京都豪徳寺	注1)
お経を読んだネコ	長野県法蔵寺	注1)
踊り好きなネコの恩返し	島根県転法輪寺	注1)
小判を運んだネコ	東京都（神田川辺）	街談文々集要

注1) 猫神様の散歩道（八岩，2005）．
注2) ねこ——その歴史・習性・人間との関係（木村，1966）．
注3) 猫の歴史と奇話（平岩，1992）．

になるのを防ぐため，尻尾を切る風習もあったが，その後，猫股に関する記述の数が減少していることから考えると，ネコは化けものという印象は明治以降徐々に薄れていったと思われる．昭和のころには俗信や迷信として残っている程度となった．

　猫股の成立は，中国から猫鬼や金花猫の話が伝わってきたことや，ネコ本来の暗闇で眼が光るなどの不気味な特性が誇張されたものと考えられる．とくに古い時代の日本では尻尾の長いネコが多かったことも原因の1つと思われる．同じネコの神秘的な力を記述したものとして，養蚕や厄除けなどで御利益をもたらしたり，神様としての扱いを受けたりしている話もかなり存在している．

表 5-3 神性的特性を持ったネコの民話（菊池，2010 より改変）．

記述内容	地域	出典
御利益をもたらすネコ		
猫石明神	群馬県養蚕神社	猫神様の散歩道
大漁祈願	宮城県美与利大明神	〃
蚕の守り神	宮城県根古の森の猫神社	〃
養蚕の守り神	福島県猫稲荷	〃
看板猫を祀った塚（厄除け・開運）	東京都大信寺	〃
繭の豊作を守る神	東京都琴平神社	〃
猫又権現と呼ばれた神様	新潟県南部神社	〃
養蚕祈願	長野県安宮神社	〃
子どもの夜泣き止め	福井県袋羽明神	〃
ねこと呼ばれた小石	京都府大原神社	〃
養父の明神さん	兵庫県養父神社	〃
猫宮さん	島根県中宮神社	〃
開運・良縁・受験の神様	徳島県王子神社	〃
イヌに勝った三毛の社（養蚕・火災除け）	熊本県猫宮大明神	〃
神秘的なネコ		
ネコの化身の仙人	熊本県猫の岩屋	猫神様の散歩道
主夜神尊の使い	京都府檀王法林寺	〃
猫石殿	熊本県猫石稲荷大明神	〃
時の神様	鹿児島県猫神神社	〃
自性院の猫地蔵の由来 1	東京都自性院	注 1)
自性院の猫地蔵の由来 2	東京都自性院	猫神様の散歩道
観音様の化身	山形県猫の宮	〃
井伊直孝を招いたネコ	東京都豪徳寺	〃
信心深いネコ	鳥取県猫薬師	〃
猫又権現に遺骸を捧げた	新潟県南部神社	〃

注 1) ねこ――その歴史・習性・人間との関係（木村，1966）．

(2) 世界の民話に登場するネコ

　ネコの登場する海外の民話やおとぎ話では，ネコは魔術と結びつけられている．魔術を使うネコは善良であれ邪悪であれ，世界中の劇やおとぎ話の中に登場している．擬人化された動物が登場する寓話で世界的に有名なものは，ギリシャの作家イソップによる『イソップ物語』である．イソップの数多くの物語の中では，ネコはずる賢い動物として描かれている．とくに有名な『猫とイタチと子兎』では，ネコをたとえに人間の行動を批判したものとなっている．しかし，ネコがいつも悪者扱いされているわけではなく，おとぎ芝居のフランスのシャルル・ペローの『長靴を履いた猫』やイギリスの『ディック・ホイッティ

ントン』は，ネコを主人公にしたすばらしい話である．この両方の話では，ネコが知恵や魔法を使って自分と関係のある人間に幸運をもたらしている．また，人間（美女の場合が多い）に変身するネコの物語も，古代から数多く伝わっており，イソップ物語の『ビーナスと猫』では，若く美しい王子に恋をしたネコの話が書かれている．

　世界のネコの民話を集めた日本語の書籍が出版されており（『世界の猫の民話』2010年），その中でイギリス，ドイツ，フランスなどのヨーロッパ各国からロシア，中国，日本に至る広い地域の民話が紹介されている．物語の内容を大別すると，「ネコの由来話」，「魔的なネコ」，「ヒトを助けるネコ」がおもなものである．「ネコの由来話」では，ネコはキリストからつくられたという話や，ネコの誕生はネズミと深く関係しているという話がある．「魔的なネコ」では，魔女や魔法使いがネコに化けるという話が多く，少数ではあるが，ヒトがネコに変えられてしまうという話もある．化け猫の話は日本に多いが，海外でも類似の話がみられる．また，宝をもたらすネコが登場する話もあり，魔的なネコとしては黒ネコが多い．「ヒトを助けるネコ」では，いくつかのパターンがみられ，心の優しいヒトが助けられる話，兄弟の遺産争いで不利な末っ子を助ける話，ネコがひと芝居打って主人の身を立てる話，ネコとイヌが協力して主人の宝を探しにいく話，ネズミに困っている街でネコを売ることで大金持ちになるという話がおもなものとしてあげられる．

　ネコがほかの動物と一緒に登場する話も多くみられ，ネコがほかの動物をだます話が多いが，ネコがだまされるという話もみられる．イヌと比較すると，ヒトの恩に報いるという点でイヌは正義感のみで行動するのに対し，ネコでは自分になんらかの見返りを期待するという計算がみられる話が多い．また，ネコに比べイヌではヒトに直接危害を加える話は少ない．

(3) 神話，迷信，ことわざに登場するネコ

　ネコはイヌに比べ，神話が残っている地域も少なく，登場する機会も少ない．各国・地域の神話で共通してみられるネコの動物観は，「ネズミを捕らえるもの」と「女性的な存在」である．小動物を捕まえるネコの性質，執拗にネズミを狙うネコの様子を観察する中で，古代の人々の中に「ネコはなぜネズミを狩るのか」という疑問が生まれた．その解答として，「両者の間に確執がある」，

「ずっと昔から仲が悪かった」，「ネズミを狩るためにネコが存在する」などのネコとネズミの因縁の神話が生まれたと思われる．これはネコの由来話にも通じることで，民話で述べた話と重複する．「女性的な存在」のネコについては，ネコのしなやかな動きに起因するイメージを反映していると思われる．神話に限らずネコを女性的な存在ととらえることは多く，絵画や映画の中でも女性とともに，あるいは女の子としてよく登場する．ブラジルの神話に登場するおしゃれで無邪気だが残酷な一面を持つ猫嬢，北欧神話の女性の美徳と悪徳両方を持つ女神フレイアの戦車をネコが曳いているのも，ネコに女性のイメージが重ね合わされた結果と思われる．神話においてネコが特徴的に扱われているのは，エジプト神話のネコの神聖視である．しかし，ペルシャ神話では悪魔同等の存在とされており，イヌに比べ神話におけるネコの動物観は地域差が大きい．

　日本の伝説・伝承の中のネコについては，民話の部分でも触れているが，ネコの魔性的な特性，霊力に由来する話が多い．霊力については，「招き猫」のようにヒトの側からネコに願いごとをするという習俗もある．招き猫の由来についてはいくつかの説があるが，もっとも古く有力なものとしては豪徳寺（東京

図 5-9　招き猫の由来話の伝わる豪徳寺（招き猫の奉納所）．

表 5-4　ネコに関する俗信・迷信，おまじない（菊池，2010 より改変）．

分類	記述内容	出典
魔性	ネコを殺すと七代祟る	注3)
	ネコが死ぬとき哀れみの言葉を発すると祟られて不具の子が生まれる	注3)
	黒ネコが横切ると不吉が起こる	注3)
	ネコが死人の枕元を歩くと死人が起き上がる	注3)
	灯りが消えるとネコが遺骸を奪いにくる	注1)
	ネコを土に埋めると口からカボチャがはえる	注2)
病気	烏猫をいつも膝元に置いておくと病気が治る	注3)
	大病を患っている人の飼いネコが死ぬと病気が回復する	注1)
航海	ネコが騒ぐとしけになり，眠っていると平穏な天気になる	注3)，注4)
	ネコは北を向くから磁石代わりになる	注3)，注4)
	三毛の雄がいると航海は安全	注4)
天気	ネコが顔を洗うと雨が降る	注1)
	ネコが西を向いて顔を洗うと晴れ，東を向いて洗うと雨天	注3)

注1)　猫神様の散歩道（八岩，2005）．
注2)　ネコの博物誌（實吉，1988）．
注3)　ねこ——その歴史・習性・人間との関係（木村，1966）．
注4)　猫の歴史と奇話（平岩，1992）．

表 5-5　ネコを使ったおもな格言・ことわざ．

猫糞（ねこばば）を決め込む
猫に鰹節
猫にまたたび，お女郎に小判，泣く子に乳
猫をかぶる
猫に小判
猫の目
猫も杓子も
猫は虎の心を知らず
猫の手も借りたい
猫は三年の恩を三日で忘れる
猫の鼻
猫の額
猫舌
猫跨ぎ
猫が顔を洗うと天気が崩れる
猫にもなれば虎にもなる
猫の魚辞退
猫の子一匹いない
猫撫で声
猫の額にあるものを鼠がうかがう
猫の前の鼠

都世田谷区）での出来事にもとづくものがあげられる（図5-9）．寛永年間（1624-1644年）に豪徳寺の前身の寺の前を，彦根城主井伊直孝が家来数名と通りかかったとき，寺で飼っていたネコが片手をあげてしきりに手招きをした．そして，一行が寺に入り休息するとすぐに激しい雷雨となり，一行は難を逃れた．これが招き猫の由来とされる．

　また，死者にネコが憑く話のほか，表5-4に示したような俗信・迷信，おまじないに類するものが伝えられている．これらはことわざに類するものも含まれているが，格言・ことわざとしては，表5-5にまとめて示したように，非常に多くのものが語られてきている．イヌを例にしたものより圧倒的に多く，いかにネコの特性が興味あるものであるかを表しているともいえる．海外にも日本同様，ネコを使った多くの格言やことわざが存在している．

　なお，日本に存在している干支の十二支にネコが含まれていない理由は，大昔神様が動物たちにお触れを出して召集したとき，ネコは1日遅れで着いたので，13番目となり十二支に入れなかったといわれている．ネズミが十二支に入ったので，今でもネズミを眼の敵にしているという．これに類する話は各地で多く伝えられており，ほんとうの理由はわからない．

6 これからのネコ学
——イエネコの将来

6.1 ネコの遺伝子を探る

(1) ネコのゲノム解析

　染色体に包含される全DNAの塩基配列を明らかにする目的のゲノム解析研究が，ヒトやマウスをはじめとする多くの動物種あるいは植物，微生物などで進められた．動物のゲノム解析は，ヒト，マウス，ショウジョウバエなどで先行的に全ゲノムの解析が終了した．その後，イヌやウシ，ブタ，ニワトリなどの産業動物でも研究が進んだ．その結果，イヌでは 2005 年に，最近ウシ，ブタでも全ゲノムの塩基配列が明らかになっている．

　ネコは $2n=38$ の染色体 (18 対の常染色体と 1 対の性染色体) を有しており，O'Brien et al. (1997) によってその標準核型の詳細が示されている．Murphy et al. (1999) は，ネコとハムスターの放射線照射雑種体細胞株を用いてゲノム解析を行い，機能を持った遺伝子 (タイプ I マーカー) 16，機能を持たない遺伝子 (タイプ II マーカー) 14 の連鎖群を同定し，物理地図の作成を試みた．その結果，たとえばヒト第 22 番染色体の遺伝子は，ネコの D3 と B4 の染色体に分かれて位置していることが明らかになっている．

　続いて Menotti-Raymond et al. (1999) は，何世代にもわたるイエネコとベンガルヤマネコの交雑種個体群 108 頭を調査し，常染色体性 246 個，伴性 (X 染色体) 7 個のマイクロサテライト DNA の染色体上の位置を同定した．マイクロサテライト DNA とは，染色体上に存在する 2 ないし 4 塩基の繰り返し回数の違いを多型 (遺伝的変異) として検出し，遺伝的マーカーとして利用するものである．253 個のうち，235 個は 2 塩基繰り返し配列，18 個は 4 塩基繰り返し配列にもとづくマイクロサテライト多型であった．229 個の遺伝子は 34 連鎖群 (シンテニー) に分類され，そのうちの 19 連鎖群は 15 本の常染色体 (A1, A2,

A3, B1, B2, B3, B4, C1, C2, D1, D2, D3, E1, E3, F2) と性 (X) 染色体上に位置づけられた．その結果，ゲノムの長さ 2900 cM で遺伝子がマッピングされた．

　図 6-1 は，ネコの 16 染色体上にマップされたマイクロサテライトマーカー座位の連鎖地図を示している．38 本の染色体のうち，小さな 3 個の染色体にはマーカー座位は認められていない．16 染色体にマップされた 253 マーカー座位の各染色体における座位数を表にしたものが表 6-1 である．ネコのゲノム解析研究は進みつつあるが，イヌのように全ゲノムの解析には至っていないので，今後のさらなる研究の進展が期待されている．

(2) ネコの遺伝性疾患

　ネコでは，現在 100 以上の遺伝性疾患（遺伝病）が知られており，ゲノム解析の進展とともに，その遺伝子診断技術の開発が大きな研究テーマとなっている．ヒトをはじめ，イヌやウシなどで多くの遺伝性疾患が研究され，その原因となる異常遺伝子が突き止められている．その結果，正常遺伝子と異常遺伝子をヘテロで持つ個体（キャリア個体）を識別する遺伝子検査法が，多くの遺伝性疾患で確立されている．イヌでは 50 種を超える遺伝性疾患，ウシでは約 15 種の遺伝性疾患について遺伝子診断が可能になっている．

　ネコの遺伝性疾患の研究では，網膜萎縮 (Narfstrom, 1983)，骨肥大症 (Danpure *et al*., 1989)，甲状腺機能不全 (Tanase *et al*., 1991)，糖原病 (Fyfe *et al*., 1992)，多嚢胞性腎疾患 (Biller *et al*., 1996) などの遺伝子解析の研究結果が報告されている．アメリカの研究機関では，表 6-2 に示したような疾患の遺伝子診断が実施されている．遺伝性疾患は，その発生が特定の品種・系統に特化している傾向があるが，近年日本にも多くの欧米系品種が輸入され，純粋種の飼育数も増加している．今後，欧米の研究結果をもとに，日本でも遺伝性疾患の診断技術が普及していくことが期待されている．

　遺伝子診断のポイントは，通常遺伝病を発症しないヘテロ型の個体を検出し，その個体を少なくとも繁殖に用いることなく，その個体の後代を残さないことが基本となる．そして，そのネコ品種集団から遺伝病を引き起こす異常遺伝子を排除していくことである．品種造成の過程で用いられる近親交配が進むと，遺伝病を引き起こす遺伝子が集積し，異常遺伝子のホモ個体が生じやすくなり，

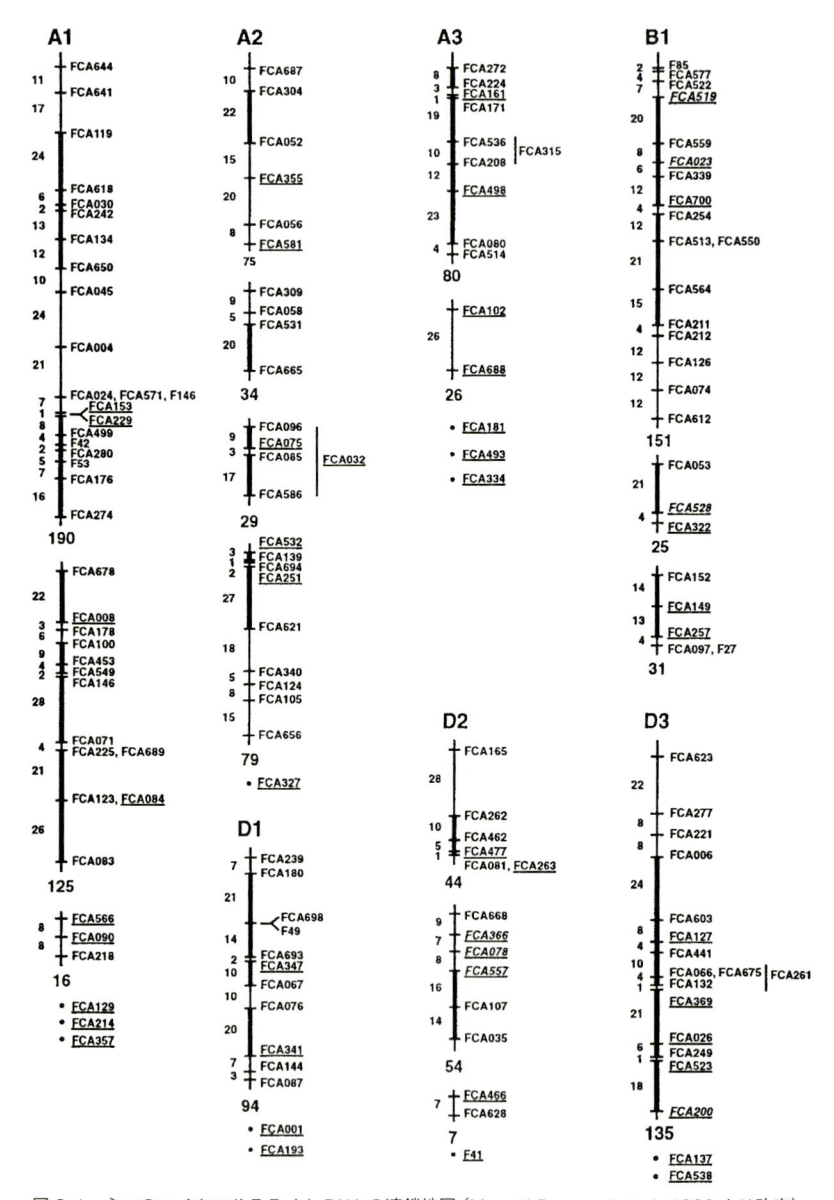

図 6-1 ネコのマイクロサテライト DNA の連鎖地図（Menotti-Raymond *et al.*, 1999 より改変）．

B2

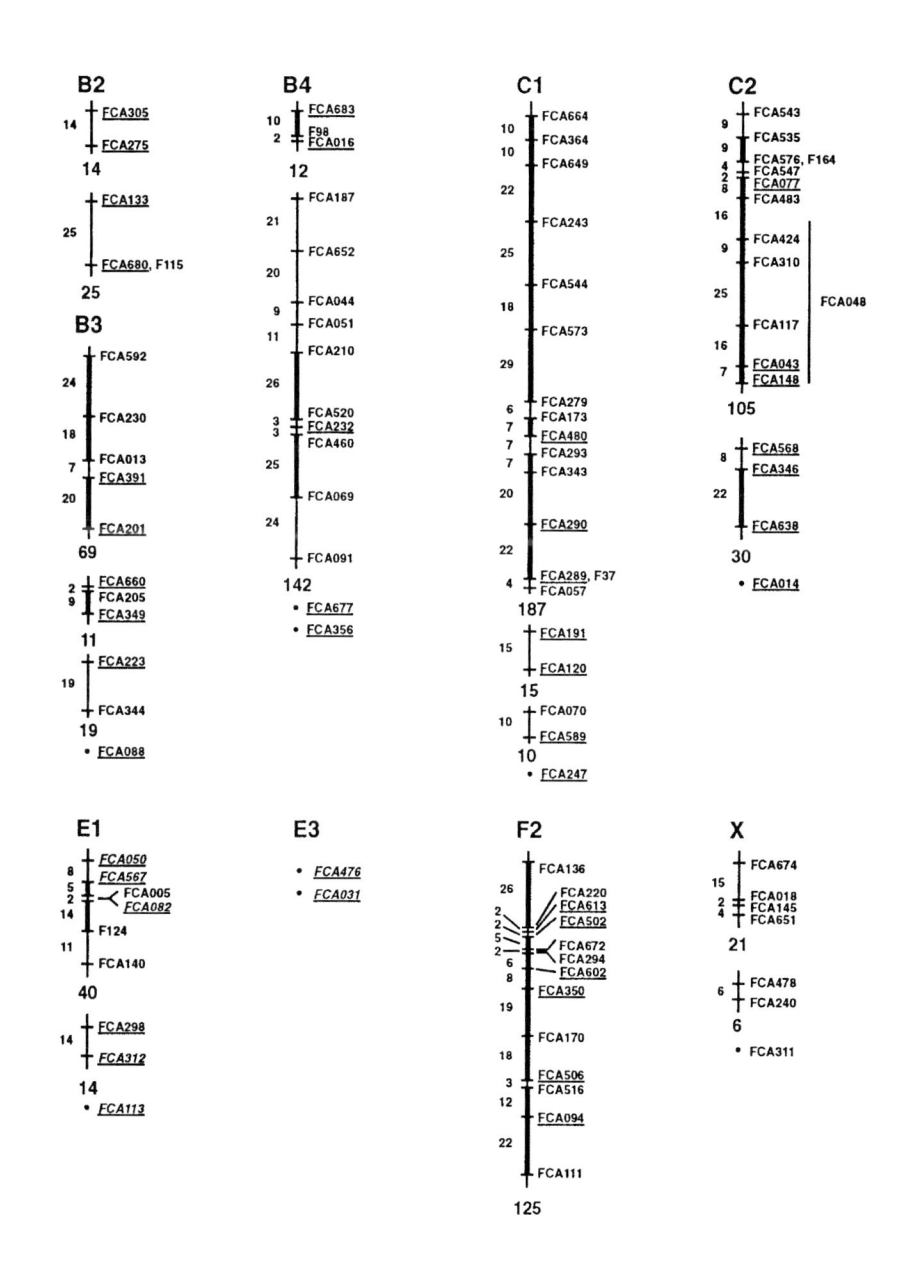

```
14  ┼ FCA305
    ┼ FCA275
14
    ┼ FCA133
25
    ┼ FCA680, F115
25
```

B3

```
    ┼ FCA592
24
    ┼ FCA230
18
 7  ┼ FCA013
    ┼ FCA391
20
    ┼ FCA201
69
 2  ┼ FCA660
 9  ┼ FCA205
    ┼ FCA349
11
    ┼ FCA223
19
    ┼ FCA344
19
  • FCA088
```

B4

```
10  ┼ FCA683
 2  ┼ F98
    ┼ FCA016
12
    ┼ FCA187
21
    ┼ FCA652
20
 9  ┼ FCA044
    ┼ FCA051
11
    ┼ FCA210
26
    ┼ FCA520
 3  ┼ FCA232
 3  ┼ FCA460
25
    ┼ FCA069
24
    ┼ FCA091
142
  • FCA677
  • FCA356
```

C1

```
10  ┼ FCA664
10  ┼ FCA364
    ┼ FCA649
22
    ┼ FCA243
25
    ┼ FCA544
18
    ┼ FCA573
29
 6  ┼ FCA279
 7  ┼ FCA173
 7  ┼ FCA480
 7  ┼ FCA293
    ┼ FCA343
20
    ┼ FCA290
22
 4  ┼ FCA289, F37
    ┼ FCA057
187
    ┼ FCA191
15
    ┼ FCA120
15
10  ┼ FCA070
    ┼ FCA589
10
  • FCA247
```

C2

```
 9  ┼ FCA543
 9  ┼ FCA535
 4  ┼ FCA576, F164
 2  ┼ FCA547
 8  ┼ FCA077
    ┼ FCA483
16
    ┼ FCA424
 9  ┼ FCA310
25
    ┼ FCA117       FCA048
16
 7  ┼ FCA043
    ┼ FCA148
105
 8  ┼ FCA568
    ┼ FCA346
22
    ┼ FCA638
30
  • FCA014
```

E1

```
    ┼ FCA050
 8  ┼ FCA567
 5  ┼ FCA005
 2  ┼ FCA082
14
    ┼ F124
11
    ┼ FCA140
40
    ┼ FCA298
14
    ┼ FCA312
14
  • FCA113
```

E3

```
  • FCA476
  • FCA031
```

F2

```
    ┼ FCA136
26
    ┼ FCA220
 2  ┼ FCA613
 2  ┼ FCA502
 5  ┼ FCA672
 2  ┼ FCA294
 6  ┼ FCA602
 8  ┼ FCA350
19
    ┼ FCA170
18
    ┼ FCA506
 3  ┼ FCA516
12
    ┼ FCA094
22
    ┼ FCA111
125
```

X

```
    ┼ FCA674
15  ┼ FCA018
 2  ┼ FCA145
 4  ┼ FCA651
21
 6  ┼ FCA478
    ┼ FCA240
 6
  • FCA311
```

表6-1 ネコの各染色体におけるマイクロサテライトマーカーの分布 (Menotti-Raymond *et al.*, 1999より改変).

染色体	遺伝的長さ (cM)	マーカー座位の数
A1	331	40
A2	217	25
A3	106	15
B1	207	25
B2	39	5
B3	99	12
B4	154	15
C1	212	20
C2	135	17
D1	94	13
D2	105	16
D3	135	18
D4	90	0
E1	54	9
E2	73	0
E3	56	2
F1	71	0
F2	125	13
X	27	7

表6-2 アメリカの研究機関で実施されているネコの遺伝病診断 (宮寺, 2005より改変).

疾患	品種	検査タイプ
脊髄性筋萎縮症	メイン・クーン	遺伝子型診断
多嚢胞性腎疾患	アメリカン・ショートヘア ヒマラヤン ペルシャ スコティッシュ・フォールド	遺伝子型診断
糖原病タイプIV	ノルウェージャン・フォレスト	遺伝子型診断
ピルビン酸キナーゼ欠損症	アビシニアン ドメスティック・ショートヘア ソマリ	遺伝子型診断
マンノシドーシス	ドメスティック・ショートヘア ペルシャ	遺伝子型診断
ムコリピドーシスII	ドメスティック・ショートヘア	遺伝子型診断
ムコ多糖症	ドメスティック・ショートヘア シャム	遺伝子型診断

その結果,遺伝病が顕在化する.近親交配を避ければ,通常遺伝病の発症は避けられる.一方で,機能を有する遺伝子の研究が進めば,酵素異常などの遺伝病の原因遺伝子がさらに明らかになっていくであろう.

　動物における遺伝性疾患の研究は,ヒトと共通する疾患ではヒトの疾患研究のモデル動物ということで,その研究情報が有効に活用されている.ネコの場合も例外ではなく,たとえばネコの免疫不全症(ネコエイズ)ウイルスの遺伝子地図の研究が進んでいるが (Carpenter and O'Brien, 1995),このエイズウイルスに抵抗力を持つ遺伝子が野生ネコに存在していることがみつけられている.そのため,野生ネコはエイズウイルスに感染しても発症しない.この研究結果は,ヒトのエイズ対策に遺伝子レベルでのなんらかのヒントを与えるかもしれない.また,ヒトの場合と同様に高齢化が進んでいるネコでは老化の問題や,それにともなう成人病についても,ネコにおける対策だけでなく,ヒトへのヒントを与える研究結果がネコの遺伝子解析から得られることも考えられる.

(3) クローン動物

　近年の動物の発生工学的技術の進歩にともなう特筆すべき研究成果として,クローン(体細胞クローン)動物の作出があげられる.クローン動物とは,無性生殖的に生じた核内の染色体ゲノム組成が同一である個体(群)を指す.自然発生的に生じる一卵性双子や三つ子は同一の染色体ゲノム組成を持っているが,一般的にはクローンと呼ばず,人為的な操作で作出された個体(群)に用いる場合が多い.哺乳類でのクローン個体の作出は,1983年にマウス受精卵間において不活化センダイウイルスを用いた膜融合で前核の交換移植に成功したのが最初である.そして,1986年に第2減数分裂中期の染色体を除去した未受精卵細胞質へ,電気刺激によって8-16細胞期胚の割球(胚盤胞)を核移植することにより子ヒツジが得られた.この技術は胚盤胞(受精卵)クローンと呼ばれ,初期胚割球や胚盤胞内細胞塊細胞を除核未受精卵へ核移植することにより,マウス,ウサギ,ヤギ,ウシ,ブタやアカゲザルで多くの産子が得られている.

　その後,1997年にはスコットランドのエジンバラ市にあるロスリン研究所で,妊娠26日齢の胎子から調製した体細胞や,6歳の雌ヒツジの乳腺培養細胞を核移植することによって,1頭の子ヒツジが得られた.これは体細胞クローンと呼ばれ,さらに成長した個体の体細胞の核移植によって,マウス,ヒツジ,

ブタ,ウシなどの動物種で産子を得ることに成功している.現在,胎子,子畜または成畜の乳腺,卵丘,卵管,耳,筋肉,尾,子宮,皮膚,肝臓などのさまざまな組織から採取した細胞を体外で培養後,除核未受精卵へ核移植して産子が得られている.

愛玩動物については,2001年にアメリカのテキサス大学で体細胞クローンネコ(イエネコ)の作出に成功している.その後,アメリカの会社がクローンネコの販売ビジネスに取り組んでいるが,7-10%という成功率の低いことによる高コストが問題となっている.なお,野生動物のアフリカヤマネコでも成功している.一方,イヌについても,2005年にソウル大学でクローンイヌの成功例が報告されている.イヌの場合は,卵子が未成熟で排卵され,核を取り除くのに真っ黒な脂肪で中がよくみえないなど,技術的に困難をともなうことから,ネコよりさらに成功率が低い.

このクローン動物の作出技術は,ゲノム解析の進展とともに,改良増殖や希少品種の救済などで効果的なツールとなるかもしれない.しかし,つねに倫理的な問題を抱えており,とくにクローン動物は社会的に批判が大きい.

6.2 野良ネコ問題を考える

(1) 日本の野良ネコの現状

近年日本では野良イヌをみかけることはあまりなくなったが,野良ネコはしばしばみかける.野良ネコの存在は一部癒し的な面もあるが,都市,地域の環境問題として,野良ネコ対策が社会的にも大きな課題となっている.とくに糞公害,発情期の鳴き声,敷地内の庭への侵入などが大きな問題である.ネコはイヌのようにつないで飼うか,室内で飼うなどの規制がなく,室内と戸外を自由に行き来することが多いので,飼いネコでも街中や空き地などでよくみかけることになる.都市,団地などでの放し飼いネコの存在は迷惑ということになる.さらに,特定の飼い主のいない野良ネコの存在が,ときとして地域の環境問題として議論を呼ぶことになる.

都市の繁華街や漁港,島など餌が豊富に得られるところには,ネコが集団で住みつきやすい.それらのネコ集団の中には,飼い主がいて放し飼いされてい

るネコもいるが，ほとんどが捨てられたり，戸外の繁殖で生まれた特定の飼い主のいない野良ネコである．これらのネコたちは自由に繁殖し，その数を増やしていく．野良ネコの寿命は短く，生まれた子ネコの生存率も低い．これらの野良ネコに定期的に餌を与える人たちもおり，このことがネコ嫌いの人たちとの間に確執を生じることになる．海外では野良ネコに寛大な国・地域もあり，とくにヨーロッパの街中，漁港など比較的野良ネコの住みやすい環境では，野良ネコの存在は大きな問題とはなっていない．

(2) 地域猫活動

日本の野良ネコの多くみられる地域で，そのネコたちを地域住民がルールを決めて，組織的に恒常的に「地域猫」として管理しようという試みがある．その先駆的な活動例として，神奈川県横浜市職員の獣医師黒澤泰氏が横浜市磯子

表 6-3 住宅密集地における犬猫の適正飼養ガイドライン（環境省，2010 年 2 月）．

地域猫とは
地域の理解と協力を得て，地域住民の認知と合意が得られている，特定の飼い主のいない猫

その地域にあった方法で飼育管理者を明確にし，飼育する対象の猫を把握するとともに，フードや糞尿の管理，不妊去勢手術の徹底，周辺美化など地域のルールに基づいて適切に飼育管理し，これ以上数を増やさず，一代限りの生を全うさせる猫を指す．

表 6-4 地域猫活動の目的（黒澤，2005 より改変）．

地域猫活動
地域住民と飼い主のいない猫との共生をめざし，不妊去勢手術を行ったり，新しい飼い主を探して飼い猫にしていくことで，将来的に飼い主のいない猫をなくしていくことを目的としています．
　（ただし，実際に数を減らしていくためには，複数年の時間を必要としますので，当面は，これ以上猫を増やさない，餌やりによる迷惑を防止するなどを目的としています）
地域猫活動は，「猫」の問題ではなく「地域の環境問題」としてとらえ，地域計画として考えていく必要があります．
地域猫は野良猫とは異なります．地域住民は猫による被害の現状を十分認識し，野良猫を排除するのではなく，地域住民が飼育管理することで，野良猫によるトラブルをなくすための試みであることを理解しなければなりません．

区で1995年に始められた地域猫活動があげられる．その後，2001年には横浜市西区で「猫トラブルゼロをめざすまちづくり事業」が開始されている．地域猫活動の取り組みについては，黒澤氏の『「地域猫」のすすめ』(2005年)という著書の中で解説されている．地域猫の定義は，表6-3に示したように「地域の理解と協力を得て，地域住民の認知と合意が得られている，特定の飼い主のいない猫」(環境省，2010年)となる．そして，地域猫活動とは表6-4に示したような目的で行う活動で，一般の野良ネコ対策とは区別される．野良ネコの餌の管理，不妊去勢手術の実施，ネコの糞の清掃，周辺美化などを地域でルールを定めて，協力して行うことが活動の要点となっている．そして，野良ネコの数を今以上に増やさないで，一世代の生を全うさせることを周辺住民が認知している活動である．

地域が野良ネコの飼い主になり決められたルールを徹底することで，「猫トラブルゼロ」をめざすことになる．そして，地域猫によって町づくりを進め，地域に精神的安らぎをもたらし，地域の活性化を図ることができる．しかし，地域猫活動を進めていくうえで，「成果が出るまでに時間がかかる」，「世話をしている地域にネコが捨てられる」，「経済的，労力的に負担が大きい」などの問題がある．各地で地域猫活動が試みられており，地域の環境改善，ネコの救済などに役立っているが，継続維持には財政支援などが不可欠である．本来捨てネコがいなくて，地域猫活動などの必要がないのが理想的であるが，そのためには一般のネコの飼育者が飼いネコの不妊手術をする，室内中心に飼う，そして絶対に捨てないなどの社会ルールを守ることが重要である．多くの地域で野良ネコの数が減少傾向にあるようにみられるが，これはその地域での地域猫活動の効果や，ネコの飼い主のモラルの向上などが関係しているかもしれない．しかし，動物保護センターなどに収容されるネコの数は大きくは減少していない．野良ネコが多くいることの要因としては，ネコの飼い方の問題，ネコの多産性，近年の天敵である野良イヌの減少なども考えられる．そこで，野良ネコの地域生態学的な把握など，専門家を含めたもっと多面的な取り組みが必要である．

6.3 ネコの将来的な役割を探る

(1) ネコは芸ができる

　ネコはイヌなどに比べ，しつけや訓練はむずかしいと考えられている．しかし，かつてネコはサーカスなどの娯楽で芸をして観客を楽しませていた．19世紀初期に，イタリアにピエトロ・カペッリ率いるネコの一座が，ヨーロッパ各地で綱渡り，空中ブランコ，後ろ足での曲芸などを演じ，喝采を博した．20世紀になってこの伝統を受け継いだのが，モスクワ国立サーカスのユーリ・ククラチョフであった．このククラチョフ猫劇場は，ボリショイサーカスの団員であったユーリ・ククラチョフによって設立され，現在息子のドミトリと2人で運営されている．ロシア国内のみならず，海外でのツアー公演にも積極的で，2004年には日本公演も実現している．猫劇場は多くの国々で喝采を浴び，「世界でもっともユニークな劇場」として有名である．また，病院や児童養護施設，老人ホームなどでボランティア公演も実施しており，夢と笑顔を多くの人々に届けている．劇場で楽しめるレパートリーは8つあり，その中には『長靴をはいた猫』や『白鳥の湖』などの名作も取り上げられ，ネコが演じている．しかし，ネコに芸を仕込むことは容易でなく，ククラチョフは「ネコに前足で逆立ちさせるのに3年かかり，また調教は動きが機敏になる夜のほうがやりやすかった」と語っている．

　日本でも最近ネコの芸をみせる施設が登場している．栃木県那須町の「那須どうぶつ王国」で2011年よりキャットショー（ザ・キャッツ）を行っている（図6-2）．そこでは，「イヌのように負の強化は行わない」，「ネコの望む行動をさせて伸ばす」，「よいところで終わりにする」などの芸の仕込み方のルールをつくって訓練している．ネコの集中している時間は5-10分程度とされ，すべて教え込むにはかなり時間がかかるという問題がある．品種による特性もみられ，一般に餌に執着するネコは仕込みやすいようである．ネコはイヌのようにほめられるだけで喜ぶことはないので，餌を用いての訓練が基本になる．頭のよいネコは練習でしか芸をしない傾向があるので，本番ではよい餌（ニワトリのササミ）を使う必要がある．

　このネコのショーは人気を得ており，必ずしもいつも同じようにネコが綱渡

図 6-2　那須どうぶつ王国のネコのショー．

りや輪くぐりなどの芸をうまく成功させるということはなくても，訓練士（女性が多い）のアドリブの利いた話術で観客を楽しませている．ロシアや日本でのネコのショーの成功をみても，ネコに芸を仕込むことはある程度可能と思われる．ただ，イヌとはかなり性質の異なる動物であり，個々のネコの特徴や性質を生かし，ネコの望む行動を伸ばすという態度でネコに接することが必要のようである．とくに，ネコはジャンプ力や平衡感覚など，からだのしなやかさと身体能力に優れているので，その特長を生かした芸は期待できると思われる．

　第5章でも記述したように，海外の映画にはかなり古くからネコが登場しており，映画に登場したネコが最優秀動物演技賞を受賞したり，ネコの演技が人気を博した多くの映画がある．また，ネコはホラー映画やSF映画にもよく登場している．このように，映画に登場するネコは訓練を受けており，それらしく立派な演技をみせている．オーストラリアでは家庭のネコのしつけ教室も実施されており，一般にみすごされる傾向にあったネコのしつけ，訓練もネコの特性に合ったプログラムをつくって行うことにより，可能と考えられる．ただし，ネコにイヌと同じことを望むとネコがかわいそうである．

(2) ネコとの触れ合い

　ネコの場合，ほとんど同じサイズの小型犬と比較すると，ヒトとの密着した触れ合いを必ずしも好まないと思われる．ネコの姿形や行動を眺めているだけでヒトは癒されるのは事実であるが，さらにネコと密着して触れ合うことができれば，ヒトの心身への影響は大きい．ネコと触れ合う場を提供しているものとして，「猫カフェ」と「訪問猫」がある．猫カフェは，台湾の台北にある「猫花園」をモデルにしたといわれており，東京都をはじめ大都市に多くの店がオープンしている．店内は飲食スペースとネコと触れ合うスペースに分かれており，多くのネコとの触れ合いが楽しめるようになっている．一方，訪問猫は高齢者施設や幼稚園などをボランティアとネコが訪問して，ネコと触れ合ってもらい，お年寄りや子どもに心身の癒しを提供するものである．訪問犬は一般的に認知され，広く活躍しているが，ネコなどのほかの動物の訪問活動は一般的ではない．ネコはイヌに比べ，その気質からヒトにあまり密着しないとか，攻撃的な個体がいることなど訪問活動の適性を欠いていると思われる．しかし，個体差もかなりあり，遺伝的に温厚な品種や個体の選択，あるいは生後よりヒトとの

接触が多く人慣れのよいネコになっている個体の選択などによって，訪問猫活動に用いることが可能である．現在，訪問犬活動を行っているいくつかの団体で，イヌと一部ネコも訪問活動に取り入れている．捨てられたイヌ・ネコを収容する施設でも，比較的温厚で人慣れしているネコを生かす方法として，訪問猫活動を取り入れているところもある．

　ヒトが安全に触れ合えるネコの活躍の場をさらに発展させていくには，ネコの行動や気質の遺伝学的あるいは環境の影響についての解析が必要である．温厚なネコ品種としてはラグドールが有名であり，気質の遺伝的な改良の可能性が示されている．イヌでは攻撃性や人なつっこさが品種によって大きく異なり，また品種内で個体差もあることが明らかになっている．ネコでも気質に関係する遺伝的な要因の解明が進めば，触れ合い活動に適性のあるネコの選択が容易になるかもしれない．またネコの場合，生後2–7週といわれる社会化期の過ごし方が将来のそのネコの気質に大きな影響を持っているので，ヒトやほかのネコとの触れ合いなどが十分になされることが重要である．一度野良ネコを経験すると広くヒトになつく個体にはなりにくい．このような経験あるいは環境要因も触れ合い活動のネコの選択では考慮しておく必要がある．世の中には多くのネコ派といわれる人たちがいる現状を考えると，ネコもイヌ同様に活躍してほしいものである．

おわりに

　ネコ（イエネコ）はイヌと並ぶ代表的な愛玩動物である．現在，世界中の多くの地域で膨大な数のネコが生息しており，日本でも約 1200 万匹以上のネコが生活している．ネコは家畜化された後，約 4000 年にわたるヒトとの長い共生の歴史の中でさまざまな扱いをされてきたが，現在は世界中で広く愛されている．イスラム圏の国々でもイヌとは異なり，ネコは愛されている．ネコは家畜化されても，姿形，サイズ，野性的な性質は祖先のヤマネコとほとんど変わらずに生きてきた．長いネコの歴史の中で，ヒトの傍らを離れずに社会的にも文化史的にもヒトの生活に深くかかわってきた．

　今後ヒトはネコに，そしてネコはヒトになにを期待し，あるいはなにを望むのか，このままずっと今の関係が継続されていくのがよいのかどうか．たぶんヒトはネコにイヌと同じことを期待しないであろう．ネコの性格はイヌとはかなり異なり，その性格の好きなネコ派と呼ばれる人たちも多くいる．ネコはほとんどの場合，姿形は小柄で愛らしく，そのしぐさもかわいらしく，イヌと比べ一般に飼いやすいが，ヒトとの間で環境トラブルも多い．ネコとのトラブルには，ネコの習性や行動に対するヒトの理解不足や飼い方の問題も関係している．

　ネコの動物学としての研究は，イヌに比べて遅れており，今後とくに遺伝学，行動学，生態学などの分野での研究の進展が期待される．研究の進展により，ヒトによるネコの正しい理解が進むものと思われる．そしてヒトとネコのよりよき共生関係の構築につながると考えられる．ネコの家畜化の原点ともいえるネコの狩猟能力は優れており，それを支える身体能力は抜群である．世界的にみるとネズミの害を抱えている地域も多く，ネコの出番はまだまだありそうである．またネコにはヒトを癒す，芸ができるなど，ヒトに楽しみを与える能力も備わっており，今後さらにネコの違った活躍も期待できそうである．

　動物福祉的な観点で，殺処分されるネコの数を減らす，ネコの命を守るなどの徹底がヒト社会には必要である．これにはネコの特性に由来するネコ自身の問題もあるが，ヒトは少なくとも必要以上にネコを繁殖させたり，不要だとし

て飼いネコを捨てたりしないことが重要である．地域猫活動の推進など，地域の環境問題として取り組むことも必要である．ともかく世界中にはたくさんのネコがおり，ネコたちを愛する多くのヒトがいる．この野性味あふれるネコたちが長くヒトの友であることを願っている．

　本書が，ネコという動物についてもっと深く知りたい，ヒトとの関係とその歴史について考察したいなど，ネコ学の習得，さらに研究を目指す人たちにささやかながら貢献できることを祈っている．

　本書を執筆するにあたり，貴重な資料や文献を引用させていただいた多くの学術雑誌などの執筆者と出版社にお礼を申し上げるとともに，写真を提供していただいた各位に感謝申し上げる．そして，東京農業大学伴侶動物学研究室の卒業論文を引用させていただいた卒業生の皆様に謝意を表したい．また，本書の執筆をお薦めいただいた林　良博先生（東京大学名誉教授）にお礼申し上げる．さらに，長期にわたり適切なご助言と本書刊行の労をとっていただいた東京大学出版会編集部の光明義文氏に深謝する．

大石孝雄

さらに学びたい人へ

ブルース・フォーグル．2004．小暮規夫，監修．新猫種大図鑑．ペットライフ社，東京．
　この書は，フォーグル博士が著した "The New Encyclopedia of the Cat" を邦訳したもので，ネコの仲間，人間とのかかわり，からだの構造と機能，ネコの行動などの動物としての基本的事項のほか，イエネコの品種やネコの育て方などが，多くの写真入りで紹介されている．ネコの図鑑というよりネコ全書的な著書で，ネコ全般について多くの情報が得られる．

デニス・C・ターナー，パトリック・ベイトソン．2006．森　裕司，監修，武部正美・加隅良枝，翻訳．ドメスティック・キャット──その行動の生物学．チクサン出版社，東京．
　この書は，ネコの行動学および生態学から，動物特性，ヒトとの関係の歴史，ネコの福祉の問題など，ネコという動物について幅広いテーマで多くの文献を引用して論じている．この分野の専門書として最適の著書である．

紺野　耕，監修．2009．猫を科学する．養賢堂，東京．
　この書は，ネコと人間の関係，ネコの歴史と品種，ネコの行動とからだの仕組み，ネコの栄養と病気など，ネコについて幅広いテーマを取り上げ解説している．平易な解説書でネコの入門書として一般の人に最適の書である．

仁川純一．2003．ネコと遺伝学．コロナ社，東京．
　この書は，一般には難解な遺伝の話を，遺伝子の解説から，ネコ特有の外部形態や毛色などの遺伝形質について，平易な読み物として解説している．また，三毛ネコの発生機構についてもわかりやすく解説している．

日本民話の会・外国民話研究会，編訳．2010．世界の猫の民話．三弥井書店，

東京.
　この書は，ヨーロッパ諸国を中心に，ロシア，東アジア，北アフリカ，アメリカに至る世界の広い地域に残るネコ（ヤマネコを含む）の登場する民話を集めて，翻訳したものである．日本のネコの民話と比較するとおもしろい．

池本卯典・小方宗次，編．2007．獣医学概論．文永堂出版，東京．
　この書は，獣医学の歴史から獣医学の抱える基本的なテーマについて，幅広く平易に解説したものであるが，獣医学の入門書としてだけでなく，愛玩動物の福祉や動物愛護，ヒトとの共生にかかわる諸問題について有効な情報が提供されている．

引用文献

阿部又信．2003．(動物看護のための) 小動物栄養学．ファームプレス，東京．

天野　卓・石島芳郎・一谷勝之・上埜喜八・大石孝雄・永島俊夫・横濱道成．2002．生物資源とその利用．三共出版，東京．

アンジェラ・リンドラー．2004．濱野智子，訳．猫めぐりヨーロッパ．学習研究社，東京．

Anon. 1997. Results of the AVMA survey of US petowning households on companion animal ownership. Journal of American Veterinary Medical Association 211: 169-170.

ASPCA (American Society for the Prevention of Cruelty to Cats). 1999. Complete Guide to Cats. ed. James, R. R., Chronicle Books, San Francisco.

Biller, D. S., S. P. DiBartola, K. A. Eaton, S. Pflueger, M. L. Wellman and M. J. Radin. 1996. Inheritance of polycystic kidney disease in Persian cats. Journal of Heredity 87: 1-5.

Bloch, S. A. and C. Martinoya. 1981. Reactivity to light and development of classical cardiac conditioning in the kitten. Developmental Psychobiology 14: 83-92.

Borchelt, P. L. and V. L. Voith. 1987. Aggressive behaviour in cats. Compendium Continuing Education Practicing Veterinarian 9: 49-56.

Bradshaw, J. W. S. 1992. The Behaviour of the Domestic Cat. CAB International, Oxford.

ブルース・フォーグル．2004．小暮規夫，監修．新猫種大図鑑．ペットライフ社，東京．

ブルース・フォーグル．2005．浅利昌男，監訳．わかりやすい「猫学」．インターズー，東京．

Carpenter, M. A. and S. J. O'Brien. 1995. Coadaptation and immunodeficiency virus: lessons from the Felidae. Current Opinion in Genetics and Development 5: 739-745.

Carss, D. N. 1995. Prey brought home by two domestic cats (*Felis catus*) in northen Scotland. Journal of Zoology (London) 237: 678-686.

Christiansen, Ib J. 1984. Reproduction in the Dog and Cat. Bailliere Tindall, Oxford.

Churcher, P. B. and J. H. Lawton. 1987. Predation by domestic cats in an English village. Journal of Zoology (London) 212: 439-455.

Clutton-Brock, J. 1969. Carnivore remains from the excavations of the Joricho tell. In The Domestication and Exploitation of Plants and Animals. eds. Ucho, P. J. and G. W. Dimbleby, Deuckworth, London.

Clutton-Brock, J. 1999. A Natural History of Domesticated Mammals, 2nd ed. Cambridge University Press, Cambridge.

コロナブックス編集部．2008．猫の絵画館．コロナブックス，東京．

Danpure, C. J., P. R. Jennings, J. Mistry, R. A. Chalmers, R. E. McKerrell, W. F. Blakemore and M. F. Heath. 1989. Enzymological characterization of a feline analogue of primary hyperoxaluria type 2: a model for the human disease. Journal of Inherited Metabolic Disorders 12: 403–414.

デビッド・オルダートン．1993．宮田勝重・鈴木金治，監修．猫の写真図鑑．日本ヴォーグ社，東京．

Davis, S. J. M. 1987. Archaeology of Animals. Batsford, London.

デニス・C・ターナー，パトリック・ベイトソン．2006．森　裕司，監修，武部正美・加隈良枝，訳．ドメスティック・キャット．チクサン出版社，東京．

動物遺伝育種シンポジウム組織委員会．2000．家畜ゲノム解析と新たな家畜育種戦略．畜産技術協会，東京．

江口保暢．2003．動物と人間の歴史．築地書館，東京．

Feldman, H. 1994a. Methods of scent marking in the domestic cat. Canadian Journal of Zoology 72: 1093–1099.

Feldman, H. N. 1994b. Domestic cats and passive submission. Animal Behaviour 47: 457–459.

Fitzgerald, B. M. 1988. Diet of domestic cats and their impact on prey populations. In The Domestic Cat: The Biology of its Behaviour. eds. Turner, D. C. and P. Bateson, Cambridge University Press, Cambridge.

Fogle, B. 2001. The New Encyclopedia of the Cat. Dorling Kindersley, London.

Fyfe, J. C., U. Giger, T. J. van Winkle, M. E. Haskins, S. A. Steinberg, P. Wang and D. F. Patterson. 1992. Glycogen storage disease type IV: inherited deficiency of branching enzyme activity in cats. Pediatric Research 32: 719–725.

Gibb, J. A., G. D. Ward and C. P. Ward. 1969. An experiment in the control of a sparse population of wild rabbits (*Oryctolagus c. cuniculus*) in New Zealand. New Zealand Journal of Science 12: 509–534.

Gorman, M. L. and B. J. Trowbridge. 1989. The role of odor in the social lives of carnivores. In Carnivore Behavior, Ecology, and Evolution. ed. Gittleman, J. L., Chapman & Hall, London.

Gottlieb, G. 1971. Ontogenesis of sensory function in birds and mammals. In The Biopsychology of Development. eds. Tobach, E., L. R. Aronson and E. Shaw, Academic Press, New York.

Groves, C. 1989. Feral Mammals of the Mediterranean Islands: Documents of Early Domestication. In The Walking Larder: Patterns of Domestication, Pastoralism, and Predation. ed. Clutton-Brock, J., Unwin, London.

八岩まどか．2005．猫神様の散歩道．青弓社，東京．

Hart, B. L. and L. A. Hart. 1984. Selecting the best companion animal: breed and gender specific behavioral profiles. In The Pet Connection: Its Influence on Our Health and Quality of Life. eds. Anderson, R. K., B. L. Hart and L. A. Hart, University of Min-

nesota Press, Minneapolis.
林　良博・森　裕司・秋篠宮文仁・池谷和信・奥野卓司，編．2009．動物観と表象．岩波書店，東京．
林　良博・山口裕文，編．2012．バイオセラピー学入門．講談社，東京．
平岩米吉．1992．猫の歴史と奇話．築地書館，東京．
池本卯典・小方宗次，編．2007．獣医学概論．文永堂出版，東京．
イヌ・ネコの疾病統計．2010．2008 年度におけるネコの疾病発生順位．インターズー，東京．
伊藤　愛．2013．絵画に登場する猫に見られる人間の動物観．東京農業大学農学部バイオセラピー学科伴侶動物学研究室卒業論文．
伊澤雅子．2000．他人と会わないイエネコの工夫――ネコの行動観察．遺伝 54（7）：93-96．
Izawa, M., T. Doi and Y. Ono. 1982. Grouping patterns of feral cats living on a small island in Japan. Japanese Journal of Ecology 32: 373-382.
深大寺かおる．2003．キャット・ギャラリー．小学館，東京．
John, E. R., P. Chesler, F. Bareltt and I. Victor. 1968. Observation learning in cats. Science 159: 1489-1491.
Johnson, W. E. and S. J. O'Brien. 1997. Phylogenetic reconstruction of the Felidae using 16S rRNA and NADH-5 mitochondrial genes. Journal of Molecular Evolution 44 (Suppl. 1): S98-S116.
神山恒夫・高山直秀，編．2005．子どもにうつる動物の病気．真興交易医書出版部，東京．
神奈川県．2011．神奈川県動物保護センター事業概要（平成 23 年度）．神奈川県．
加隈良枝．2003．ネコの問題行動とその治療――ネコとヒトの関わりを解明する試み．2003 年度応用動物行動学会秋季シンポジウム要旨集．
加隈良枝．2005．猫の行動学．小動物臨床 24（3）：183-187，24（5）：329-334．
Kerby, G. and D. W. Macdonald. 1988. Cat society and the consequences of colony size. In The Domestic Cat: The Biology of its Behaviour, 1st ed. eds. Turner, D. C. and P. Bateson, Cambridge Univesity Press, Cambridge.
Kichener, A. 1991. The Natural History of the Wild Cats. Comstock Publishing Associates, Ithaca.
菊池真弓．2010．ネコとヒトの関係の民俗誌的調査．東京農業大学農学部バイオセラピー学科伴侶動物学研究室卒業論文．
木村喜久弥．1966．ねこ．法政大学出版局，東京．
小林未来．2010．ネコの毛色変異の地域差および性格との関連性．東京農業大学農学部バイオセラピー学科伴侶動物学研究室卒業論文．
紺野　耕，監修．2009．猫を科学する．養賢堂，東京．
黒澤　泰．2005．「地域猫」のすすめ．文芸社，東京．
Liberg, O. 1982. Hunting efficiency and prey impact by a free-roaming house cat popula-

tion. Transactions of the International Congress of Game Biology 14: 269–275.

Liberg, O. 1984. Home range and territoriality in free-ranging house cats. Acta Zoologica Fennica 171: 283–285.

Macdonald, D. W. and P. D. Moehlman. 1982. Cooperation, altruism and restraints in the reproduction of carnivores. Perspectives in Ethology 5: 433–468.

Macdonald, D. W., P. J. Apps, G. M. Carr and G. Kerby. 1987. Social dynamics, nursing conditions and infanticide among farm cats, *Felis catus*. Advances in Ethology (Supple. to Ethology) 28: 1–64.

Malek, J. 1993. The Cat in Ancient Egypt. British Museum Press, London.

McCune, S. 1995. The impact of paternity and early socialization on the development of cats' behaviour to people and novel objects. Applied Animal Behaviour Science 45: 109–124.

Menotti-Raymond, M., V. A. David, L. A. Lyons, A. A. Schaffer, J. F. Tomlin, M. K. Hutton and S. J. O'Brien. 1999. A genetic linkage map of microsatellites in the domestic cat (*Felis catus*). Genomics 57: 9–23.

宮寺恵子．2005．犬と猫の遺伝性疾患――アメリカの取り組み．獣医臨床遺伝研究会フォーラム要旨集．

Moelk, M. 1944. Vocalizing in the house-cat: a phonetic and functional study. American Journal of Psychology 57: 184–205.

森　純一・金川弘司・浜名克己，編．2001．獣医繁殖学（第2版）．文永堂出版，東京．

Murphy, W. J., M. Menotti-Raymond, L. A. Lyons, M. A. Thompson and S. J. O'Brien. 1999. Development of a feline whole genome radiation hybrid panel and comparative mapping of human chromosome 12 and 22 loci. Genomics 57: 1–8.

永江みずき．2011．猫の特異的な行動変化の原因の調査と解析について．東京農業大学農学部バイオセラピー学科伴侶動物学研究室卒業論文．

Narfstrom, K. 1983. Hereditary progressive retinal atrophy in the Abyssinian Cat. Journal of Heredity 74: 273–276.

National Research Council (NRC). 1986. Nutritional Requirement of Cats. National Academy Press, Washington, D.C.

日本民話の会・外国民話研究会，編訳．2009．世界の犬の民話．三弥井書店，東京．

日本民話の会・外国民話研究会，編訳．2010．世界の猫の民話．三弥井書店，東京．

仁川純一．2003．ネコと遺伝学．コロナ社，東京．

野澤　謙．1995．ネコ――その歴史と遺伝的特徴．畜産の研究 49 (1): 177–183.

野澤　謙．2004．毛色など形態遺伝学的多型による日本と東アジア地域の feral cat の起源と系譜．在来家畜研究会報告 21: 341–362.

Nozawa, K., M. Fukui and T. Furukawa. 1985. Blood protein polymorphisms in Japanese cat. Journal of Genetics 60: 425–439.

O'Brien, S. J., S. J. Cevario, J. S. Matenson, M. A. Thompson, W. G. Nash, E. Chang, J. A.

Graves, J. A. Spencer, K. W. Cho, H. Tsujimoto and L. A. Lyons. 1997. Comparative gene mapping in the domestic cat (*Felis catus*). Journal of Heredity 88: 408–414.

岡田育穂,編.アニマル・ジェネティクス.養賢堂,東京.

Olmstead, C. E., J. R. Villablanca, M. Torbiner and D. Rhodes. 1979. Development of thermoregulation in the kitten. Physiology and Behavior 23: 489–495.

Patronek, G. J. and A. N. Rowan. 1995. Determining dog and cat numbers and population dynamics. Anthrozoos 8: 199–205.

Patronek, G. J., A. M. Beck and L. T. Glickman. 1997. Dynamics of dog and cat populations in a community. Journal of American Veterinary Medical Association 210: 637–642.

ペットフード協会.2011.ペットフード産業実態調査.ペットフード協会,東京.

ペットフード協会.2012.全国犬・猫飼育実態調査報告(平成24年度).ペットフード協会,東京.

Pontier, D., N. Rioux and A. Heizman. 1995. Evidence of selection on the orange allele in the domestic cat *Felis catus*: the role of social structure. Obis 73: 299–308.

Randi, E. and B. Ragni. 1991. Genetic variability and biochemical systematics of domestic and wild cat populations (*Felis silvestris*: Felidae). Journal of Mammalogy 72: 79–88.

Robinson, R. 1984. Cat. In Evolution of Domescated Animals. ed. Mason, I. L., Longman, London.

Rochlitz, I. 2000. Feline welfare issues. In The Domestic Cat: The Biology of its Behaviour. eds. Turner, D. C. and P. Bateson, Cambridge University Press, Cambridge.

ロジャー・テイバー.1993.丸 武志,訳.猫たちの世界旅行.日本放送出版協会,東京.

實吉達郎.1988.ネコの博物誌.東京図書,東京.

Seitz, P. F. D. 1959. Infantile experience and adult behavior in animal subjects. II. Age of separation from the mother and adult behavior in the cat. Psychosomatic Medicine 21: 353–378.

瀬沼怜奈.2011.イヌまたはネコを好む理由の調査とその比較.東京農業大学農学部バイオセラピー学科伴侶動物学研究室卒業論文.

Smithers, R. H. N. 1983. The Mammals of the Southern African Subregion. University of Pretoria, Pretoria.

鈴木金治.2008.和猫の魅力.猫生活 2008-1: 15–19.

武内ゆかり・森 裕司.2001.臨床獣医師のためのイヌとネコの問題行動治療マニュアル.ファームプレス,東京.

Tanase, H., K. Kubo, H. Horikoshi, H. Mizushima, T. Okazaki and E. Ogata. 1991. Inherited primary hypothyroidism with thyrotrophin resistance in Japanese cats. Journal of Endocrinology 129: 245–251.

Todd, N. B. 1977. Cats and commerce. Scientific American 237: 100–107.

Trout, R. C. and A. M. Tittensor. 1989. Can predators regulate wild rabbit *Oryctolagus cuniculus* population density in England and Wales? Mammal Review 19: 153–173.

Turner, D. C., J. Feaver, M. Mendl and P. Bateson. 1986. Variation in domestic cat behaviour towards humans: a paternal effect. Animal Behaviour 34: 1890–1892.

Turner, D. C. and P. Bateson eds. 1998. The Domestic Cat: The Biology of its Behaviour. Cambridge University Press, Cambridge.

内田幸憲．2001．神戸市および福岡市医師会会員への動物由来感染症（ズーノーシス）に関するアンケート調査．感染症学雑誌 75: 276–282.

UK Cat Behaviour Working Group. 1995. An ethogram for behavioural studies of the Domestic cat (*Felis silvestris catus* L.) UFAW Animal Welfare Research Report No. 8. Potters Bar: Universities Federation for Animal Welfare.

ウォレリー・オーファイル．2001．林　良博，監修，武部正美・工　亜紀，訳．犬と猫の行動学．学窓社，東京．

van den Bos, R. 1998. The function of allogrooming in domestic cats (*Felis silvestris catus*): a study in a group of cats living in confinement. Journal of Ethology 16: 1–13.

Villablanca, J. R. and C. E. Olmstead. 1979. Neurological development in kittens. Developmental Psychobiology 12: 101–127.

Voith, V. L. 1985. Attachment of people to companion animals. Veterinary Clinics of North America（Small Animal Practice）15: 289–295.

Wilson, M., J. M. Warren and L. Abbott. 1965. Infantile stimulation, activity, and learning in cats. Child Development 36: 843–853.

在来家畜研究会，編．2009．アジアの在来家畜．名古屋大学出版会，名古屋．

Zeuner, F. E. 1963. A History of Domesticated Animals. Hutchinson, London.

索引

A 遺伝子座　41
a 遺伝子（ノン・アグーチ遺伝子）　41
B 遺伝子座　41
B リンパ球（B 細胞）　66
CFA　14
C 遺伝子座　41
D 遺伝子座　42
I 遺伝子座　41
ME 要求量　55
O 遺伝子座　41
S 遺伝子座　42
TICA　14
T 遺伝子座　41
T リンパ球（T 細胞）　66
W 遺伝子座　41
X 染色体の不活性化　43

ア行

アグーチ遺伝子（*A* 遺伝子）　41
遊び行動　90
アビシニアン　19
アルギニン　57
アレルギー反応　66
アレルゲン　66
イエネコの故郷　9
イエネコの生態　74
威嚇シグナル　36
異嗜　56
異常遺伝子　123
『イソップ物語』　117
遺伝子検査法　123
遺伝性疾患（遺伝病）　123
癒し効果　79
イリオモテヤマネコ　4
インスリン　69
インターフェロン　70
ウェットフード　59
歌川國芳　106
内田百閒　111
エイズウイルス（HIV）　71
餌場　76

餌場グループ　77
獲物　32
塩基配列　122
黄体形成ホルモン（LH）　64
嘔吐　61
大型ネコ　1
大島弓子　113
オシキャット　19
尾の挙上行動　36
音源定位反応　28

カ行

害獣駆除　81
外傷　67
飼いネコ　74
外部寄生虫　67
外部形態　38
カウンセリング　93
化学的受容器　27
核移植　127
核型異常（XXY）　43
拡張型心筋症　70
家畜伝染病予防法　95
下部尿路系疾患　67
唐ネコ　101
カラー・ポイント　41
感覚器官　25
感受期　29
キジトラ白　45
季節繁殖動物　51
偽妊娠　51
キャスリーン・ヘイル　112
キャットショー　13
『キャット・ブック・ポエムズ』　106
キャットフード　59
キャリア　71
キャリア個体　123
嗅覚　27
嗅覚によるコミュニケーション　33
狂犬病　95
競争行動　90

漁港ネコ　81
キンキーテイル　39
近親交配　24,123
筋肉細胞　31
ククラチョフ猫劇場　131
クローン（体細胞クローン）動物　127
群居性　76
毛づくろい　93
血栓塞栓症　70
血糖値　69
ゲノム解析　122
下痢　62
交感神経系　62
攻撃行動　90
咬傷　67
甲状腺機能亢進症　68
甲状腺刺激ホルモン（TSH）　64
拘束型心筋症　70
行動圏（テリトリーあるいはなわばり）　74
行動の発達　28
行動療法　93
豪徳寺　119
交尾　53
交尾排卵動物　51
小型ネコ　3
こすりつけ行動　37
ことわざ　121
転がり行動　36
ゴロゴロとのどを鳴らす音声　35

サ行

再帰性共通感染症　97
ザ・キャッツ　131
殺処分数　86
産子数　53
3種混合ワクチン　72
シェーテッド　16
視覚　25
視覚によるコミュニケーション　36
指間腺　34
色覚　25
シグナル行動　38
嗜好性　54
歯周疾患（歯周病）　73
舌ざわり（テクスチャー）　56
しつけ教室　133
室内飼育　79

社会化期　92
社会的遊び行動　28
社会的肉食動物　88
シャーという鳴き声　38
ジャパニーズ・ボブテイル　17
シャム　19
ジャングルキャット　10
シュウ酸カルシウム尿石　68
周年繁殖性　51
狩猟行動　32
狩猟戦略　32
狩猟能力　30
狩猟領域　32
純血種　14
消化器官　54
常同性　93
食性　54
触覚　25
触覚によるコミュニケーション　37
鋤鼻器（ヤコブソン器官）　27
自律神経　62
心筋症　69
神経伝達物質　65
新興感染症　95
人獣共通感染症（ズーノーシス）　94
親和的なシグナル　38
垂直感染　71
ストラバイト結石　68
スーパーラット　83
スフィンクス　22
スミロドン　7
スモーク　16
刷り込み　29
生活の質　85
性行動　51
生殖器官　49
性成熟　51
生息密度　74
成長ホルモン（GH）　64
セミモイスト（半湿潤）タイプ　59
全ゲノム　122
選択繁殖　13
相互毛づくろい行動　37
ソーシャル・ギャザリング　77
反り返った耳（カール）　40
ソリッドカラー　16

タ行

体細胞クローンネコ 128
大脳辺縁系 65
タイプⅠマーカー 122
タイプⅡマーカー 122
代用乳 59
ダイリュート・カラー 16
タウリン 57
多指 40
谷崎潤一郎 111
タビー 16
垂れ耳 40
単胃 54
短脚 40
短毛遺伝子 39
短毛種 15
地域猫 129
茶トラ白 45
中枢神経 62
聴覚 25
聴覚によるコミュニケーション 35
長毛種 15
長毛の劣性遺伝子 39
ツシマヤマネコ 4
爪とぎ(行動) 34,91
爪を抜く手術 90
ティックド 16
ティップド 16
デービス 113
転嫁攻撃(行動) 38,90
糖尿病 68
動物虐待 86
動物権思想 84
動物実験 85
動物の保護及び管理に関する法律 85
動物福祉 85
トーティーシェル 16
ドライフード 59

ナ行

内部寄生虫 67
内分泌疾患 68
長崎ネコ 77
那須どうぶつ王国 131
夏目漱石 111
二毛ネコ 42

日本ネコ(和ネコ) 23
ニムラブス類 7
ニューロン 65
尿スプレー行動 38
尿によるマーキング 91
妊娠期間 53
妊娠診断 53
猫アレルギー 67
猫ウイルス性鼻気管支炎(FVR) 72
ネコ科動物(ネコ亜科) 1
猫カフェ 133
猫カリシウイルス感染症 73
猫クラミジア病 73
ネココロナウイルス 72
ネコ崇拝 98
猫伝染性腹膜炎(FIP) 72
ネコの呼吸数 61
猫の島 81
ネコの水曜日 102
ネコの体温 61
ネコのトキソプラズマ症 72
ネコの脈拍数 61
ネコの由来話 118
猫白血病ウイルス(FeLV)感染症 70
ネコ汎白血球減少ウイルス(パルボウイルス) 72
ネコ汎白血球減少症 72
猫ひっかき病 96
猫ヘルペスウイルス1型(FHV-1) 72
猫股 106,114
ネコ祭り 102
猫免疫不全ウイルス(FIV)感染症 71
脳下垂体 63
野良ネコ 74

ハ行

胚盤胞(受精卵)クローン 127
化け猫 114
バステート神 11
バステート神像 98
発情周期 51
パーティー・カラー 16
繁殖季節 51
繁殖供用開始 51
ハンドリング 29,92
ピカソ 108
肥大型心筋症 69

皮膚腺　34
標準核型　122
フィードバック因子　56
フォールド（折れ曲がり）の耳（垂れ耳）　40
副交感神経系　62
副腎皮質ホルモン（ACTH）　64
藤田嗣治　108
父性　29
父性遺伝　92
物理地図　122
不妊手術（避妊・去勢）　87
フレーメン行動　34
プロジェステロン　51
ヘアレス　22
ペット関連産業　84
ペットフードの安全性　60
ペルジャン・ロングヘア（ペルシャ）　17
ベンガル　19
ベンガルヤマネコ　4
ポインテッド　16
防御性攻撃　90
膀胱炎　67
放射線照射雑種体細胞株　122
訪問猫　133
放浪ネコ　86
捕食行動　30
捕食動物　81
保存性　60
ホルモン系統　63

マ行

マイクロサテライトDNA　122
マイクロサテライト多型　122
マイクロチップ　87
マカイロドゥス類　7
巻毛（レックス）　40
魔女旋風　102
街歩きネコ　81
末梢神経　62
魔的なネコ　118
招き猫　119
漫画の猫　112
マンクス　17

慢性腎炎　68
慢性腎不全　67
マンチカン　22
ミアキス科　7
味覚　27
三毛ネコ　42
「ミャオ」という音声　36
宮沢賢治　111
民話　114
無毛遺伝子　39
『明月記』　114
メチオニン含量　57
メラトニン　64
メラニン細胞刺激ホルモン（MSH）　64
免疫応答　66
免疫機能不全　66
免疫グロブリン　66
免疫不全症（ネコエイズ）ウイルス　127
モデル動物　127
問題行動　89

ヤ行

野生ネコ　86
ヤマネコ　6
養分要求量　57
ヨーロッパヤマネコ　10

ラ行

ラグドール　17
卵胞刺激ホルモン（FSH）　64
離乳　30
離乳食　59
リビアヤマネコ　6
両分子宮（分裂子宮）　49
ルイス・キャロル　112
ルノワール　105
レトルトパウチ　59
連鎖群（シンテニー）　122
連鎖地図　123
レンチウイルス　70

ワ行

ワクチン　70

著者略歴

大石孝雄（おおいし・たかお）

1944年　京都府に生まれる．
1966年　京都大学農学部卒業．
　　　　農林省畜産試験場研究員，農林水産省中国農業試験場室長，農業生物資源研究所遺伝資源第二部長，畜産試験場育種部長等を経て，
現　在　東京農業大学農学部教授（バイオセラピー学科伴侶動物学研究室），農学博士．
専　門　伴侶動物学・動物遺伝学・動物資源学．
主　著　『動物遺伝育種学事典』（分担執筆，2001年，畜産技術協会），『生物資源とその利用［第3版］』（共著，2008年，三共出版），『バイオセラピー学入門』（分担執筆，2012年，講談社）ほか．

ネコの動物学

2013年12月25日　初　版

［検印廃止］

著　者　大石孝雄

発行所　一般財団法人　東京大学出版会
　　　　代表者　渡辺　浩
　　　　153-0041　東京都目黒区駒場 4-5-29
　　　　電話 03-6407-1069　Fax 03-6407-1991
　　　　振替 00160-6-59964

印刷所　研究社印刷株式会社
製本所　矢嶋製本株式会社

© 2013 Takao Oishi
ISBN 978-4-13-062224-0　Printed in Japan

JCOPY　〈(社)出版者著作権管理機構　委託出版物〉
本書の無断複写は著作権法上での例外を除き禁じられています．複写される場合は，そのつど事前に，(社)出版者著作権管理機構（電話 03-3513-6969, FAX 03-3513-6979, e-mail:info@jcopy.or.jp）の許諾を得てください．

ヒトとともに生きる動物たち

林良博・佐藤英明[編]

アニマルサイエンス

[全5巻]
●体裁：Ａ５判・横組・平均200ページ・上製カバー装
●定価：①②③ 3200円，④ 3400円，⑤ 3300円（本体価格）＋税

① **ウマの動物学** 近藤誠司
② **ウシの動物学** 遠藤秀紀
③ **イヌの動物学** 猪熊　壽
④ **ブタの動物学** 田中智夫
⑤ **ニワトリの動物学** 岡本　新